뜨는 관광에는
이유가 있다

뜨는 관광에는 이유가 있다

지역, 부활하다

CREATIVE

REBRANDING

SUSTAINABLE

COLLABORATION

INNOVATION

GRAVITY
BOOKS

Contents

PART 4.
콜라보레이션(collaboration) __ "협력"

PART 5.
이노베이션(innovation) __ "혁신 도모"

Prologue

소멸 위기의 도시들을
세계적인 명품 도시로!

국내 인구감소지역 지정 현황(89곳)

❶ 경기(2)
가평군 연천군

❷ 인천(2)
강화군 옹진군

❸ 강원(12)
고성군 삼척시 양구군
양양군 영월군 정선군
철원군 태백시 평창군
홍천군 화천군 횡성군

❹ 충북(6)
괴산군 단양군 보은군
영동군 옥천군 제천시

❺ 충남(9)
공주시 금산군 논산시
보령시 부여군 서천군
예산군 청양군 태안군

❻ 전북(10)
고창군 김제시 남원시
무주군 부안군 순창군
임실군 장수군 정읍시
진안군

❼ 전남(16)
강진군 고흥군 곡성군
구례군 담양군 보성군
신안군 영광군 영암군
완도군 장성군 장흥군
진도군 함평군 해남군
화순군

❽ 경북(16)
고령군 군위군 문경시
봉화군 상주시 성주군
안동시 영덕군 영양군
영주시 영천시 울릉군
울진군 의성군 청도군
청송군

❾ 경남(11)
거창군 고성군 남해군
밀양시 산청군 의령군
창녕군 하동군 함안군
함양군 합천군

❿ 대구(2)
남구 서구

⓫ 부산(3)
동구 서구 영도구

006

출처: 행정안전부(2021)

*인구감소지역은 지역별 연평균 인구 증감률, 인구밀도, 청년 순이동률, 주간 인구, 고령화 비율,
유소년 비율, 조출생률, 재정 자립도 등 8개 지표를 활용해 산정한다.

정부의 인구감소지역 주요 지원책 (2021)

상향식
인구활력계획 수립,
맞춤형 정책 시행

지방 소멸 대응 기금,
(연 1조 원 규모)
국고 보조금 등
재원 패키지 지원

인구감소지역 지원
특별법 제정을 통한
제도 기반 강화

지자체 간
특별자치제 설치 등
상호협력 추진

저출산 고령화와 청년인구 유출에 따른 '지방 소멸'은 한국뿐만 아니라 전 세계적인 추세다. 그중에서도 한국은 가장 빠른 속도로 지방의 인구감소가 진행되고 있다. 지방의 인구감소는 농어촌 지역에 한정된 것이 아니라 도시 지역까지 진행되고 있으며, 인구감소로 인한 사회·경제적 문제들이 현실화되고 있다. 정부도 '지방 소멸' 위기의 심각성을 파악하고, 시·군·구 89곳 (2021년 기준)을 인구감소지역으로 정해 다양한 정책을 마련하고 있다.

정부의 인구감소지역 선정 이후, 관광을 통한 인구감소지역 경제 활성화의 중요성이 대두되고 있다. 관광 산업은 특정 지역에 인구 유입을 유도하여, 이를 통해 교통 인프라를 구축하고, 자금 및 기술 등 각종 자원 유입을 연쇄적으로 일으켜 해당 지역을 경제적으로 활성화시킨다. 또한 체류형 지역관광객 유치 활동을 통해 지역 경제 활성화는 물론 미래 정주인구로의 전환에도 기여할 수 있다.

세계 각국에서도 지역 소멸을 방지하기 위한 관광 활성화를 적극적으로 추진하고 있으며, 다양한 성공 사례들을 살펴볼 수 있다. 호주는 2017년부터 2019년 사이 심각한 가뭄의 발생으로 지방 소도시의 농업과 비즈니스가 전멸할 상황에 이르렀다. 그래서 지역 주민, 주정부, 아티스트가 협력해 고안해 낸 것이 거대한 곡물 저장고인 사일로^{Silo} 겉면에 대형 벽화를 그리는 '사일로 아트^{Silo Art}'다. 웰니스 관광이 증가하는 추세와 맞물려 사일로 아트를 보러 현지를 방문하는 관광객이 늘면서 소도시들은 되살아날 수 있었다. 사일로 아트는 호주의 역사, 문화와 정체성을 담아 전달하는 관광 자산일 뿐만 아니라 지역 경제를 살리는 매개체가 되었다.

영국의 대표 항구도시였던 헐은 1970년대 이후 탈산업화로 수출이 줄어들자 가장 가난한 도시로 전락했다. 그러던 헐이 2017년 영국 문화수도로 선정되면서 4년간 34억 파운드(약 5조 원)의 민관 투자를 받아 더딥 수족관, 페렌스 갤러리 등 지역의 오래된 건물들을 개조해 지역 문화관광 행사, 프로젝트 발굴과 유치에 사용했다. 그 결과 2,800여 개의 문화, 관광 프로그램을 유치하며 방문 관광객수 600만 명 이상을 기록하고, 3억 파운드(약 4,583억 원) 상당의 경제적 부가가치를 창출했다. 또한 2021년 문화와 야외 활동을 모두 즐길 수 있는 '영국 도시 여행 10선'에 선정될 정도로 인기를 누리며 제2의 르네상스를 맞고 있다. 헐은 도시 재생 정책의 이상적인 성공 사례로 손꼽히고 있다.

이 책에서는 한국관광공사 해외지사가 주재한 세계 각 국가에서 '관광'을 통해 지역 소멸 위기를 극복한 사례를 소개하고 있다. Part 1 크리에이티브(창의적 콘텐츠)에서는 미디어, 대중문화, 예술 작품 등 창조

력이 요구되는 '콘텐츠'를 담은 관광 개발 사례를 소개했다. Part 2 리브랜딩(다시 새롭게)에서는 소비자의 기호, 취향, 환경 변화를 고려해 새로운 브랜드로 이미지 창출에 성공해 사양 산업을 관광 상품으로 성공시킨 사례를 담았다. Part 3 서스테이너블(지속 가능한)에서는 환경과 유산을 지속적으로 이용할 수 있도록 미래 세대가 누려야 할 경제적, 사회적 이익을 손상하지 않는 범위 내에서 역사, 전통 문화, 자연 환경 등을 개발한 관광 상품을 소개했다. Part 4 콜라보레이션(협력)에서는 공동 작업, 협력, 합작 등의 다양한 방식으로 특색 있는 지역 아이템과 관광 자원을 지역 주민과 외부인이 함께 개발한 관광 사례를 선보였다. Part 5 이노베이션(혁신 도모)에서는 정부의 적극적인 개입으로 경제적으로 새로운 방법을 도입해 관광 개발 정책이 성공한 사례를 모았다.

코로나19 팬데믹으로 인해 2021년 한 해 한국을 방문한 외국인 관광객은 2019년 1,750만 명 대비 6% 수준인 96만 명으로 급감했다. 최근 들어 국제 관광 시장이 회복세를 보이면서 전 세계는 관광 산업의 재도약을 위해 관광 생태계를 재정비하고 있다. 정부는 코로나19 팬데믹 이후 이후 국제 관광을 주도하기 위해 관광 정책의 방향을 제시했다. 제6차 관광진흥 기본계획(2023~2027)에 따르면 정부는 K-컬처와 관광의 매력적 융합, 공세적 전략을 통한 유럽, 미국 등 신규시장 개척, 민관협력·협업 시스템을 활성화하고 기업과 청년들의 새로운 도전을 지원하는 관광 정책 패러다임의 전환을 통한 관광의 새로운 모습을 정립해 나갈 예정이다.

이 책에 소개된 각국의 사례는 세계인의 호기심을 자극하는 K-컬처와 관광의 융합으로 한국의 정수를 경험할 수 있는 고품격 관광 콘텐츠를 확충하고, 새로운 한국의 관광 랜드마크를 만들어 나가는 데 도움이 될 것이다. 아울러 지역 소멸 위기에서 부활한 세계 각국의 사례를 살펴보고 지역의 관광 활성화를 위해 어떠한 노력을 기울였는지 탐색할 수 있는 기회를 제공할 것이다. 전 세계 관광객이 몰려드는 명품 도시로 거듭난 곳들을 벤치마킹해 지역 소멸을 극복할 새로운 방법을 찾기 바란다.

Part 1.
Creative

시드니
오사카
자카르타
프랑크푸르트
방콕
베이징

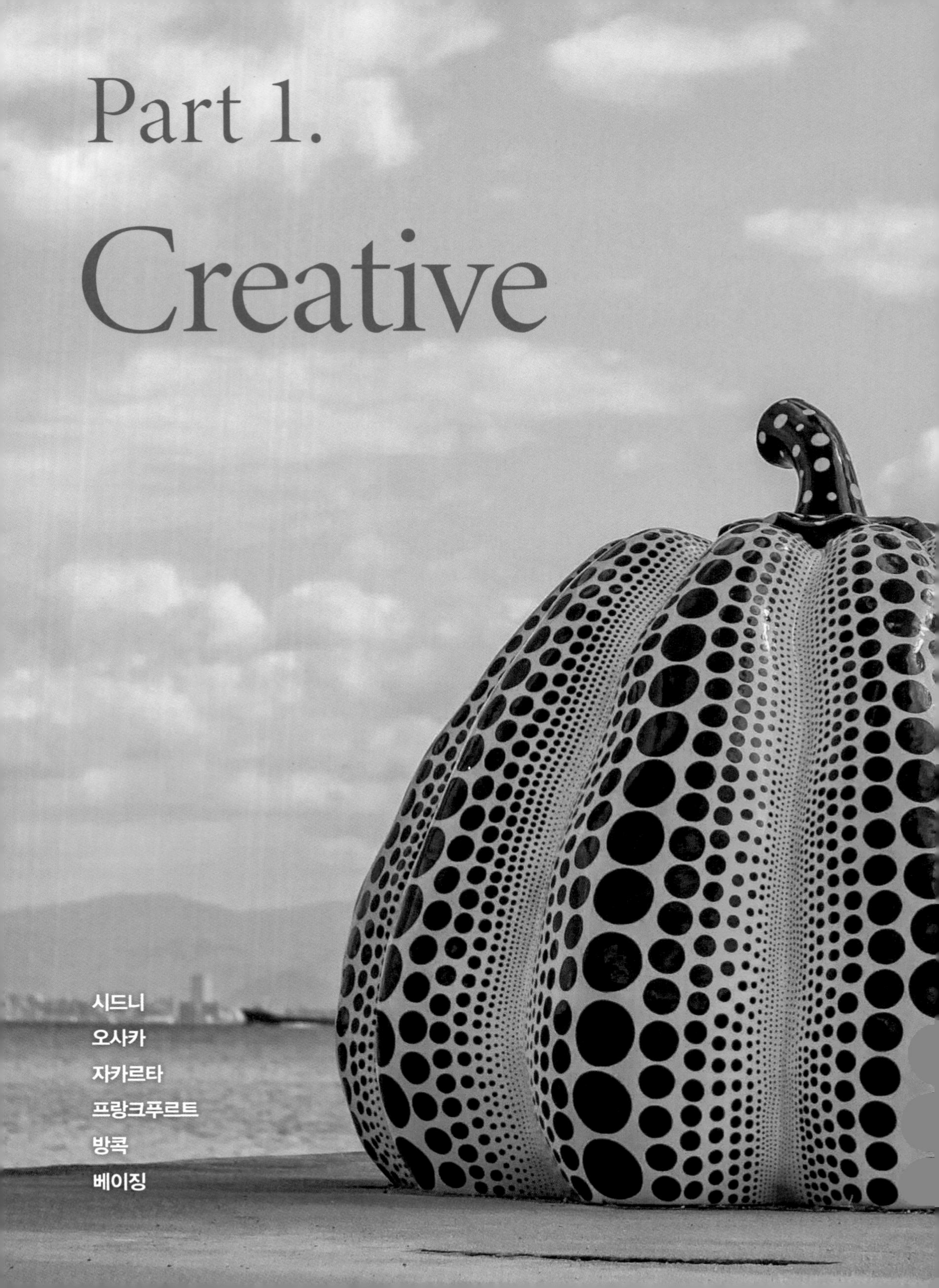

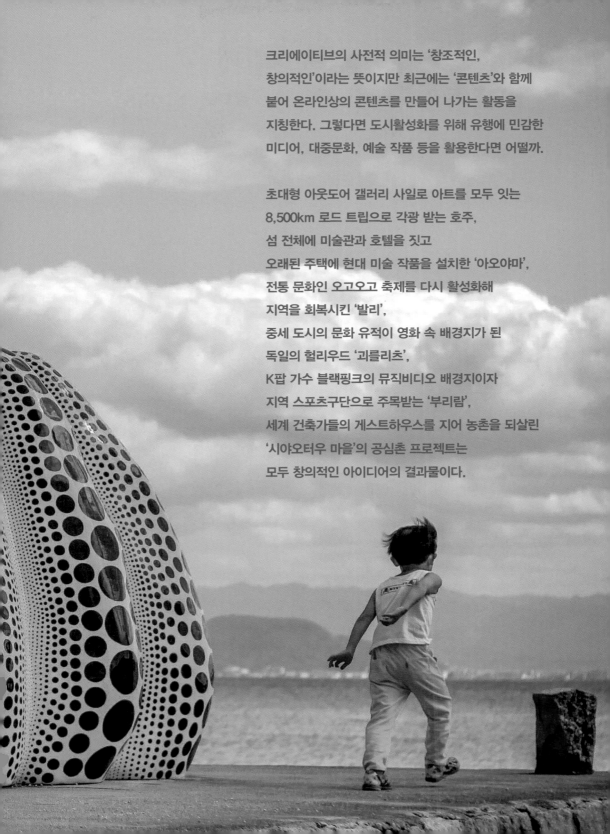

크리에이티브의 사전적 의미는 '창조적인,
창의적인'이라는 뜻이지만 최근에는 '콘텐츠'와 함께
붙어 온라인상의 콘텐츠를 만들어 나가는 활동을
지칭한다. 그렇다면 도시활성화를 위해 유행에 민감한
미디어, 대중문화, 예술 작품 등을 활용한다면 어떨까.

초대형 아웃도어 갤러리 사일로 아트를 모두 잇는
8,500km 로드 트립으로 각광 받는 호주,
섬 전체에 미술관과 호텔을 짓고
오래된 주택에 현대 미술 작품을 설치한 '아오야마',
전통 문화인 오고오고 축제를 다시 활성화해
지역을 회복시킨 '발리',
중세 도시의 문화 유적이 영화 속 배경지가 된
독일의 헐리우드 '괴를리츠',
K팝 가수 블랙핑크의 뮤직비디오 배경지이자
지역 스포츠구단으로 주목받는 '부리람',
세계 건축가들의 게스트하우스를 지어 농촌을 되살린
'시야오터우 마을'의 공심촌 프로젝트는
모두 창의적인 아이디어의 결과물이다.

초대형 아웃도어 갤러리를 잇는
장대한 로드 트립, 사일로 아트 트레일

호주
시드니 지사

예술로 재탄생한 곡물 저장고,
호주의 역사를 담아내다

호주의 어느 작은 시골 마을. 동네 어귀에 콘크리트 기둥이 우뚝 솟아 있고 표면에는 농부와 원주민들, 지역민들의 초상, 자연풍경, 동식물, 어린아이를 비롯한 다양한 인물 군상이 그려져 있다. 이 기둥을 중심으로 현지 술집이나 우체국이 옹기종기 모여 있는 모습은 점차 호주의 새로운 풍경으로 자리잡고 있다.

예술은 미술관이 아닌 우리가 예견치 못한 장소에서도 일어난다. 최근 호주를 여행하는 관광객들 사이에서는 호주 전역에 조성되고 있는 야외 갤러리, 사일로 아트Silo Art가 화제다. 외지인의 발길이 드문 한적한 시골에 예술가가 그린 초대형 사일로 아트가 만들어지면서 이를 보기 위해 새로운 관광객이 유입되고 지역 커뮤니티도 되살아나는 등 경제적인 효과가 나타나고 있다.

사일로 아트 트레일은 서호주 주Western Australia의 노샘Northam부터 동쪽 퀸즐랜드 주Queensland의 쓰리 문Three Moon까지 전국에 걸쳐 설치된 57개 사일로 아트를 모두 연결하는 로드 트립이다. 8,500km까지 뻗어 있는 이 트레일은 브림과 인근 마을인 라셀레스, 패처월룩, 로즈베리, 루파눕, 쉽 힐스, 알바쿠티아, 아르코나, 눌라윌, 씨 레이크, 카니발, 고로케, 호샴을 연결한다.

호주 전역 농촌 소도시에 랜드마크처럼 세워진 사일로 아트를 보기 위해 로드 트립 애호가들의 방문이 늘어나면서 사일로 아트 트레일은 호주에서 반드시 즐겨봐야 하는 트레킹 여행지로 부상하기 시작했다.

곡물 저장고를 캔버스로 활용한 사일로 아트

최초의 사일로 아트는 2014년부터 2016년 사이 열린 비영리예술독립단체 'FORM'의 '공공예술 및 아이디어 페스티벌 대회''에서 촉발되었다. 다양한 예술가들이 참여한 이 대회는 퍼스Perth와 서호주의 여러 지방 도시에 공공예술작품 총 180개를 탄생시킴으로써 해당 지역을 생동감 있고 독창적인 문화 도시로 탈바꿈시켰다.

---

1. FORM's Award-winning Public festival of art and ideas

쉽 힐스 사일로 아트

©Mattinbgn

영국의 일러스트레이터 플렘Phlegm과 미국의 현대 미술가 알렉스 브루어 Alex Brewer[2]는 노샘의 밀 재배 지역을 작업 무대로 선택했다. 두 사람은 16일 동안 협업하여 호주 곡물 회사 'CBH Group'이 소유한 38m 높이의 사일로(곡물 저장고) 총 8개에 벽화를 그려 넣었고, 이 대형 벽화가 첫 번째 사일로 아트로 기록되었다.

최초의 사일로 아트를 보기 위한 여행자들의 발길이 이어지면서 긍정적인 지역 관광 효과가 발생하자 빅토리아 주 윔메라 말리Wimmera Mallee에서 새로운 사일로 아트 프로젝트가 기획되었다. 멜버른 출신 아티스트이자 사진작가인 귀도 반 헬텐Guido van Helten은 2016년도 1월 주민 100여 명이 살고 있는 작은 마을 브림의 30미터 크기 곡물 저장고에 호주 두 번째 사일로 아트를 완성했다. 그는 여성과 남성 농민 4명의 초대형 인물 초상을 그렸는데, 네 명의 캐릭터들은 브림 특유의 장소와 깊이 연결되어 지역의 문화, 역사 및 정체성에 대한 이야기를 전달하고 있다.

2016년 술만 상Sulman Prize 최종 후보에 오른 이 작품을 시발점으로 사일로 아트는 농업이 발달된 주마다 유행처럼 번져 2016년 한 해에만 빅토리아 주와 서호주 주에 5개가 추가로 완성되었다.

---

2. 헨스HENSE라는 이름으로도 알려져 있다.

콜비나빈 사일로 아트

탈론 사일로 아트

호주 전역에 점점이 흩어진 사일로 아트를 잇는 로드 트립 사일로 아트 트레일은 브림 액티브 커뮤니티 그룹Brim Active Community Group, 그레인 코프GrainCorp, 거리 예술 네트워크 주디 롤러Judy Roller, 호주 아티스트 귀도 반 헬텐이 참여한 소규모 커뮤니티 프로젝트에서 시작되었다. 프로젝트 팀은 특정 지역을 방문하여 현지인들을 만나 소통하고, 각 지역만의 독특한 이야기와 호주의 야생동물을 사일로에 표현함으로써 외부인들에게 해당 지역에 대한 관심을 불러일으켰다.

때때로 사일로 아트는 지역의 스토리텔링 외에도 국내외 사회적 사건과 정서를 깊이 반영해 눈길을 끈다. 대표적으로 빅토리아 주 쉽 힐즈Sheep Hills의 사일로 아트는 호주 원주민들의 희생과 그들이 자라온 땅에 대한 존경을 표현하고 있으며, 브런스위크Brunswick 사일로 아트에는 뉴질랜드 저신다 아던Jacinda Kate Laurell Ardern 총리가 테러 희생자를 위로하는 모습이 담겼다. 데브니시Devenish에 그려진 사일로 아트는 제1차 세계대전 종전 100주년을 기념하기 위한 벽화이기도 하다.

빅토리아 주의 사일로 아트 관광 정책

2017년부터 2019년 사이 호주 전체, 특히 뉴사우스웨일즈 주, 빅토리아 주, 퀸즐랜드 주에 심각한 가뭄이 발생했다. 이는 점점 남호주 및 서호주로도 확산되었고, 지방 소도시 거주자들이 농업 및 소규모 비지니스를 포기하는 상황으로 이어졌다. 호주는 농촌 소도시의 관광 활성화 및 방문객 증대 방안이 필요했다. 이에 새로운 볼거리로 부상하며 세계인의 이목을 집중시킨 사일로 아트가 호주 소도시 관광 산업의 새로운 대안으로 낙점되었다.

호주 관광청은 호주에서 가장 많은 사일로 아트(23개)를 확보하고 있는 빅토리아 주를 적극적으로 홍보 중이다. 빅토리아 주 관광청 홈페이지에 단독으로 사일로 아트 트레일 섹션을 만들어 사일로 아트에 대한 소개뿐만 아니라 인근 관광지, 숙박 업체, 카라반으로 머물 수 있는 캠핑장 및 전문 가이드와 함께하는 투어 패키지 등을 소개하고 있다.

또한 빅토리아 주의 주요 사일로 아트 6개의 메이킹 영상을 통해 예술가의 작품 의도 및 제작 과정 비하인드를 보여주거나, 해당 지역에 뿌리를 두고 있는 호주 원주민들의 인터뷰를 통해 빅토리아 주의 사일로 아트가 갖는 의미와 지역 커뮤니티에 끼친 영향을 전달한다.

데브니시 사일로 아트

위달 사일로 아트

쿠날핀 사일로 아트

빅토리아 주 북쪽에 위치한 모리아 샤이어Moria Shure 지역에서는 사일로 아트를 찾는 관광객들의 요청으로 멜버른부터 머레이Murray 사이에 사일로 아트가 설치된 총 6개의 마을을 방문하는 캠페인을 시작했다. 단순히 작품만 보고 지나치는 것이 아니라 지역 경제 활성화를 위해 관광객들이 모리아 샤이어에 더 오랜 시간을 머물도록 적극적으로 장려한다.

이밖에 뉴사우스웨일즈 주의 바라바Barraba, 남호주 주의 쿠날핀Coonalpyn 퀸즐랜드 주의 탈론Thallon도 사일로 아트를 매개로 한 지역 관광 활성화에 힘을 쏟고 있다.

사일로 아트에서 찾아낸 지역 경제 활성화의 불씨

호주 사일로 아트 관광의 전문가 아멜리아 그린Amelia Green 박사는 2021년 〈호주 사일로 예술 및 웰빙 공공 보고서Australian Silo Art and Wellbeing Public Report〉에서 "웰니스 투어가 새로운 여행 트랜드로 자리잡고 있는 요즘, 사일로 아트야 말로 지역 문화를 이용해 지방 도시의 장기적인 이득을 이끌어 낼 수 있는 핵심적 전략이 될 수 있을 것"이라고 이야기한다. 사일로 아트를 통해 외지에서 찾아온 관광객들이 작품에 등장하는 지역과 마을 자산 속으로 연결될 수 있다는 것이다.

사일로 아트가 성공적인 사례로 기록되면서 몇 년에 걸쳐 사일로 아트 위원회Silo Art Committee가 조직되었다. 2019년 공식 홈페이지가 개설되었고 최초의 사일로 아트가 탄생한 서호주 주의 노샘에서 퀸즐랜드주의 쓰리 문까지 총 57개(2022년 9월 집계 기준)의 사일로 아트를 구경하는 8,500km짜리 트레일 코스를 적극적으로 소개하고 있다. 또한 전 지역의 사일로 아트를 소개하는 관광 가이드 북이나 사일로 아트가 들어간 달력을 매년 제작해 판매하면서 지역 발전 기금을 마련하고 있다.

호주의 소도시 지역 관계자들은 사일로 아트를 유치하기 위해 정부 기금 마련에 적극적으로 앞장서는 중이다. 정부 기금을 받지 못한 일부 도시는 현지 주민들의 자금을 모으기도 한다. 이제 호주에서 사일로를 단순한 대형 캔버스라고 여기는 사람은 거의 없다. 사일로 아트는 해당 지역의 경제 발전을 도모하고자 하는 지역 주민과 주정부, 그리고 아티스트간의 협력이 빚어낸 의미 있는 결과물이다.

랜드 마크는 잊혀져가는 지역 역사를 새롭게 재인식하고 방문자를 유치하는 관광 자산이다. 농촌인구 감소와 기후변화, 지역 정체성에 대한 변화 등이 더 실감나는 요즘, 마을공동체에 새로운 낙관주의를 불어넣는 공공미술의 현장을 따라가는 사일로 아트 트레일은 의미가 클 것이다.

Tip   사일로 아트 트레일에서 만나는 뮤지엄

● 워터 타워 뮤지엄
워터 타워 뮤지엄Water Tower Museum은 1886년 빅토리아 시대 철도건설 때 지어진 급수탑이다. 현재 이곳에는 머토아Murtoa 지역과 초기 독일, 아일랜드 및 영국 농업 공동체의 히스토리를 담은 사진과 공예품이 전시되어 있다. 이외에 500마리가 넘는 새와 동물의 독특한 박제 컬렉션도 만나볼 수 있다.

● 휘틀랜즈 워랙내빌 기계 박물관
휘틀랜즈 워랙내빌 기계 박물관Wheatlands Warracknabeal Machinery Museum에서는 밀 농사를 짓던 농부들의 삶을 들여다 볼 수 있다. 트랙터와 곡물, 농부들이 사용하는 기타 주요 장비를 살펴볼 수 있으며, 특히 빈티지 농기계 컬렉션은 놓치지 말아야 할 볼거리다.

● 우드 농업 및 유산 박물관, 루파눕
우드 농업 및 유산 박물관 루파눕Wood's Farming and Heritage Museum, Rupanyup은 지역 박물관으로 1920년대 농업기술과 그 시대 농민들의 가정의 모습을 볼 수 있다. 오래된 고정식 엔진, 트랙터 등 농기구부터 빈티지 농장 및 가정 기념품까지 전시되어 있다.

패처월록 사일로 아트

©Mattinbgn

가가와현 나오시마,
'자연 속 현대 미술이 매력적인 섬'

일본
오사카 지사

현대 미술의 성지 나오시마 섬,
모든 이들에게 영감을 주다

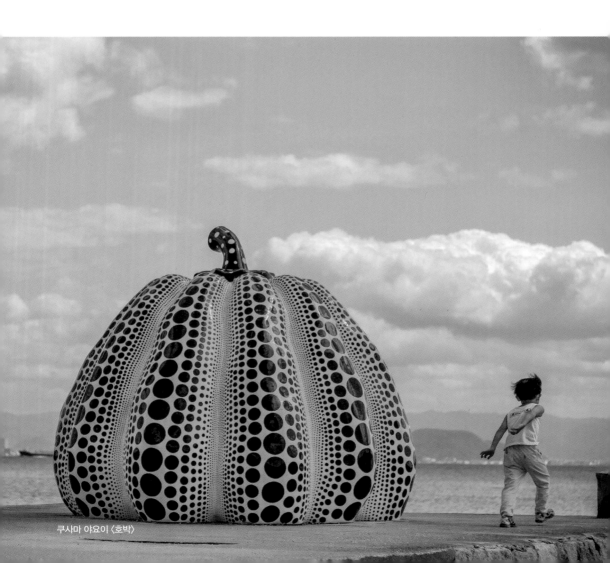

쿠사마 야요이 〈호박〉

"저는 여기의 저녁이 아침보다 낫다고 생각합니다. 태양이 가라앉을 때 콘크리트 벽이 점차 어두워지고 그 너머 하늘에서 색이 바래는 것을 사람들이 경험하기를 바랍니다." 건축가 안도 다다오가 이우환과 나눈 대화 중 일부다. 이 말은 나오시마를 여행하는 이들과 함께 나누고 싶은 말이기도 하다.

섬 전체가 미술관과 미술 작품으로 이루어진 나오시마는 현대인들이 만든 일종의 예술 신전이다. 바다를 보며 산책하는 것만으로도 좋지만, 미술 작품을 감상하며 걷는 길은 더욱 특별하다. 예술섬 나오시마는 지금도 많은 이들에게 영감을 주고 있다. 바람을 맞으며 걷는 산책은 상상만 해도 아름답다. 나오시마의 빈집은 예술 공간으로 변신 중이고, 쓰레기섬으로 인식되었던 바다는 복원 중이다.

세토 내해의 섬, '나오시마'

일본 최초의 국립공원으로 지정된 세토 내해瀬戸内海는 혼슈와 시코쿠 사이에 위치해 있다. 두 섬을 잇는 바다에는 3,000여 개의 작은 섬들이 흩어져 있다. 이 수천 개의 섬 중 하나인 나오시마直島는 '현대 미술의 성지'로 불린다. 영국의 관광잡지 《트레블러》에서 '꼭 가봐야 할 세계의 7대 명소'(2015)로 선정되기도 했다. 화려하기만 할 것이라 오인할 수 있겠지만, 나오시마는 1917년 미쓰비시가 중공업단지를 건설한 후 1990년대 초반까지 철과 구리 제련소가 있었던 곳으로 제련시설 경기가 하락함에 따라 산업폐기물 및 공해, 유독가스에 의해 주변 자연환경이 점점 황폐해지고 있었다.

4,000여 명의 주민들이 서서히 떠나면서 텅 빈 섬이 되어버린 이곳을 다시 살린 이는 교육 출판 기업 베네세Benesse 그룹의 창업자 후쿠다케 데쓰히코 전 회장이었다. 그는 건축가 안도 다다오, 지역 주민들과 함께 나오시마의 미래를 개척했다. ㈜베네세 홀딩스 이사장이자 나오시마 미술관 재단 이사장인 후쿠다케 소이치로는 1988년 나오시마 문화촌 건설을 발표했다. 나오시마 외에도 2008년에는 세토 내해의 섬인 이누지마(구리 제련소가 있었던 섬), 2010년에는 데지마(산업폐기물 처리 장소)를 예술섬으로 만들었다.

나오시마는 크게 상설 아트 전시관인 '이에 프로젝트', 베네세 하우스, 지추미술관, 이우환미술관, 안도 뮤지엄 등으로 구성되어 있고, 이외에도 섬 각지에 미술품이 설치되어 있다. 나오시마에 설치된 미술 작품들은 자연과 지형에 영감을 받은 장소 특정적 설치 작품이다. 대표적으로 베네세 하우스 근처 미야노우라 항구 해변에 설치된 쿠사마 야요이의 〈붉은 호박〉은 대중들에게 '나오시마' 하면 떠오르는 시그니처이기도 하다.

나오시마의 오벨 호텔 내부   ©663highland

빈집 프로젝트, '이에 프로젝트'

점점 노령화되고 감소하는 인구로 인해 폐가가 늘어나는 문제에 부딪힌 주민들은 베네세 홀딩스와 협업해 이를 해결하기 위해 노력했다.

'이에'는 일본어로 집이라는 뜻으로, '이에 프로젝트家プロジェクト'는 나오시마 지역에 있는 100여 년이 넘은 오래된 전통 가옥과 창고, 신사 등을 개조해 현대 미술 공간으로 탈바꿈시키는 아트 하우스 프로젝트를 말한다. 1992년 베네세 하우스를 건립한 뒤 1998년에 시작된 나오시마의 두 번째 프로젝트다.

1998년 혼무라 지구에 있는 가도야를 시작으로 미나미데라, 긴자, 고오 진자, 하이샤, 고카이쇼, 이시바시까지 7개의 집을 공개했다. 이 오래된 가옥들은 일본의 전통적인 형태와 독특한 미감을 지니고 있고 지나온 시간을 고스란히 간직하고 있다.

가도야에는 야지마 다쓰오의 작품, 이시바시에는 센주 히로시의 작품, 하이샤 가옥에서는 오타케 신로의 네온 작품을, 신사를 개조한 미나미데라에서는 제임스 터렐의 작품을 만날 수 있다. 좁은 복도를 지나 어둠을 뚫고 만나는 제임스 터렐의 빛은 나오시마에서 만나는 새로운 감동을 전한다. 빈집을 개보수한 미술 작품뿐만 아니라 섬 곳곳에 현대 미술 작품이 놓여져 있고, 베네세 코퍼레이션의 숙박 시설 '베네세 하우스' 내에도 다수의 현대 미술 작품이 전시되고 있다.

베네세의 공간 조성, 베네세 아트사이트 나오시마

나오시마의 아트 마케팅을 언급할 때 베네세 코퍼레이션을 빼놓을 수 없다. 나오시마에 있는 시설 다수는 주식회사 베네세 홀딩스와 관련 재단인 나오시마 후쿠타케 미술재단에서 건설한 것이다. 섬 안에 설치된 현대 미술 작품도 거의 대부분 베네세에서 설치한 것으로 나오시마의 대명사가 되었다. 베네세가 전개하고 있는 예술 활동을 일명 '베네세 아트사이트 나오시마'로 칭한다.

베네세 아트사이드 나오시마는 '나오시마 국제 캠프장'(1989) 설치에서 시작된다. 이 캠프장은 일본을 대표하는 건축가 안도 다다오가 감수한 것으로 부지 내에는 카렐 아펠의 옥외 조각 〈개구리와 고양이〉가 현대 미술 작품으로는 최초로 상설 설치되었다. 1992년에는 안도 다다오 설계로 뮤지엄을 완비한 호텔 '베네세 하우스'를 개관했다.

베네세 하우스 뮤지엄은 안도 다다오가 세토 내해를 조망할 수 있도록 통창으로 설계해 바다를 조망할 수 있다. 뮤지엄에서는 샘 프랜시스의 〈Blue〉, 사이 톰블리의 〈무제 I〉, 잭슨 폴록의 〈Black and White Polyptych〉, 조나단 보로프스키의 〈Teher Chattering Men〉등 명작을 볼 수 있다. 이외에 안도 다다오가 콘크리트와 철, 유리, 나무 등으로 건축한 지추미술관, 돌로 상징되는 자연과 인공적인 요소인 철판 작업으로 잘 알려진 이우환미술관도 나오시마의 명성을 높인 곳이다.

안도 다다오가 두 번째로 설계한 지추미술관地中美術館은 원래부터 섬 안에 있었던 것처럼 땅속에 몸을 숨기고 있다. 여느 미술관과 달리 지추미술관은 지상의 입구를 통해 지하로 들어가게 된다. 안도 다다오의 건축 특징 중 하나는 마치 마을의 골목길을 돌아 들어가듯 입구가 살짝 숨겨져 있는 점이다. 공간에 들어서는 순간 사색이 시작된다. 지추미술관에는 프랑스 인상파의 거장 클로드 모

세지마 카즈요와 니시자와 류에가 공동 제작한 〈바다의 역, 나오시마〉

©Naoshima Hall Owner : Naoshima Town / Architect : Sambuichi Architects / Photo : Shigeo Ogawa

산분 이치히로시가 설계한 〈나오시마 홀〉

네Claude Monet와 미국의 대지大地 미술 작가인 월터 드 마리아Walter de Maria, '미니멀리즘
의 사제' 혹은 '빛의 작가'로 불리는 제임스 터렐James Turrell의 작품이 전시되어 있는
데, 자연과 빛을 느낄 수 있는 세 작가의 작품관을 조용하게 음미할 수 있다. 이
탈리아 대리석 70만 개로 바닥이 장식되어 있는 모네의 전시 공간, 숭고하고 엄
숙한 마리아의 전시 공간도 훌륭하지만 터렐의 〈오픈 스카이〉 전시 공간은 공간
전체가 터렐의 작품이기도 하다.

이우환미술관Lee Ufan Museum은 '만남의 방', '침묵의 방', '그림자 방', '명상의
방' 등 4개의 전시실로 나뉘어 있다. 각 전시실에 설치된 이우환의 작품 약 15점
은 이우환의 예술 철학 속으로 깊이 들어가게 만든다. 이우환미술관을 설계한
안도 다다오는 이우환과의 대화에서 '생과 사가 함께하는 세계를 보여주려 했다'
고 언급하며 이렇게 말했다.

"중세의 승려들이 저속한 세계와 단절된 세낭콜Senancole 계곡에서 이상적인 장소를 찾았듯이 나오시마는 새로운 유형의 예술이 제안되는, 일상 세계와 분리된 섬입니다. 당신(이우환)의 작업은 이러한 나오시마에서 적용되는 개념에 추가적인 레벨의 정화purification를 더합니다. 당신의 작품을 보관하는 건물은 세낭크 수도원처럼 강한 영적 힘을 발산하는 단순한 공간이어야 한다고 생각했습니다."

인구 3,000명의 섬이 낳은 효과, 세토 내해 국제예술제

세토우치는 세토 내해 연안을 가리킨다. 파도가 잔잔하고 수많은 섬들이 있어 마치 한 폭의 그림 같은 풍경이 펼쳐진다. 이렇듯 아름다운 풍광 덕분인지 세토우치는《뉴욕타임스》지가 선정한 2019년에 꼭 가봐야 할 곳에도 뽑혔다.

2010년 세토 내해에서는 3년에 한 번 개최되는 트리엔날레인 '세토 내해 국제예술제'가 신설되었다. 국내외 유명 아티스트가 참여하는 '세토 내해 국제예술제'는 나오시마를 알리는 기폭제가 되었다. 이전 연간 방문객수는 36만 명이었으나, 2010년에는 63만 명, 2019년에는 75만 명으로 증가했다. 인구 3,000명의 작은 섬에 약 250배의 관광객이 방문한 것이다. 2022년에도 봄, 여름, 가을에 걸쳐 가가와현의 다카마츠 항 주변과 나오시마, 데시마, 메기지마, 오기지마, 쇼도시마 등 세토 내해 15개 섬에서 세토 내해 국제예술제(4.14~11.6)가 개최되었다.

2022년에는 〈바다의 복권復權〉을 주제로 안도 다다오, 쿠사마 야요이, 레안도르 에를리치, 이우환, 최정화 작가 등이 참여했다. 2022년 트리엔날레에서는 세토우치가 지구상 모든 지역의 희망의 바다가 되는 것을 목표한다고 밝혔다. 총괄 디렉터 키타가와 플럼은 "미술은 자연의 생리에 솔직한 아티스트의 다층적이고 다양한 표현에 의해 지금 우리들, 우리들의 문명, 사회에 대한 많은 깨달음을 준다"고 말했다. 과거 제련소나, 산업폐기물 장소였던 섬들은 도시재생 프로젝트를 통해 버려질 운명을 극복하고 전 세계인이 꼭 가보고 싶은 예술섬으로 재탄생하여 자신들을 품어주던 바다를 복원 중이다.

나오시마를 여행하려면 다카마쓰 공항을 이용하는 것이 편리하다. 가가와현과 오카야마현에서 선박편을 운영하고 있다. 타카마츠 항(가가와현 타카마츠)에서 약 1시간, 우노 항(오카야마현 타마노)에서 약 20분이 소요된다. 선박편수는 비교적 많은 편으로 타카마츠 항에서는 1일 왕복편 6회, 우노 항에서는 1일 왕복편 20회 이상 운항된다.

베네세 하우스의 전 객실에는 TV가 설치되어 있지 않다. 이 콘셉트는 베네세 홀딩스 사주인 후쿠타케 소이치로의 의견으로 안티 도쿄, 즉 대도시에 없는 비일상을 지향하며 자연풍광을 누릴 수 있도록 기획된 것이다. 섬의 관광객 수에 비하면 숙박 시설과 음식점도 적은 편이다.

©Naoshima Pavilion Owner : Naoshima Town /
Architect : Sou Fujimoto Architects / Photo : Jin Fukuda

'28번째 섬' 이라는
콘셉트로 만들어진
후지모토 소스케의
나오시마 〈파빌리온〉

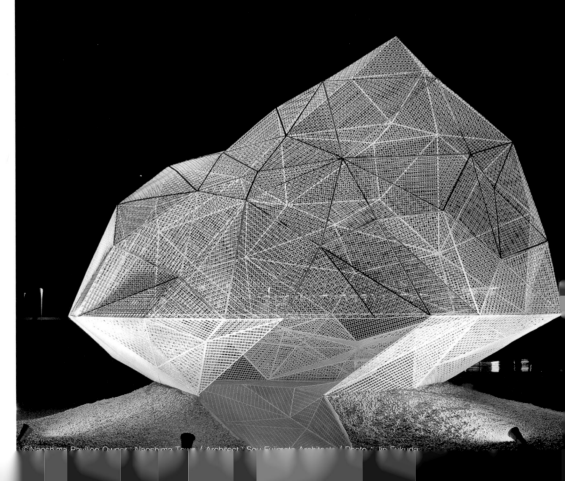

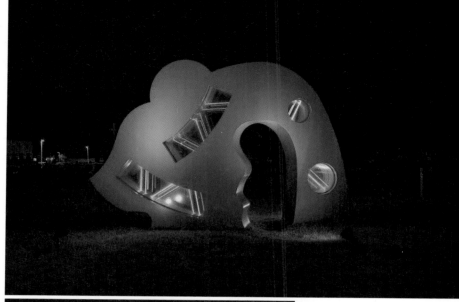

미야노우타 항에
설치된 호세
기마랑시의
〈분라쿠 퍼펫〉

건축가 니시자와 류에와
아티스트 나이토 레이가 설계한
'데시마 아트 뮤지엄'

신이 깃든 곳 어디나,
발리에서 먹고 기도하고 사랑하라

인도네시아
자카르타 지사

지역 경제를 회복시킨 예술 집합체,
발리 축제

동명의 미국 에세이를 원작으로 하는 영화 〈먹고 기도하고 사랑하라〉는 어느덧 개봉한 지 10여 년 이상이 흘렀지만, 삶을 재구성하고 재충전하려는 사람들에게 여전히 한 번씩 소환되는 영화다. 뉴욕 맨해튼에서 살고 있는 서른한 살의 저널리스트 리즈는 '자신의 삶'이 올바른 방향으로 가고 있는지 깊이 고민한다. 이혼 후 그녀는 자신의 삶을 재구성하기로 결정한 뒤 무작정 여행을 떠난다. 그녀가 선택한 여행지는 이탈리아, 인도, 인도네시아 발리다. 리즈는 좋은 음식과 영성, 진정한 사랑을 찾아 떠난다.

발리에서 그녀는 치유자이자 조언자를 방문한다. 그녀는 명상과 휴식을 통해 균형을 찾아가기 시작하고 운명의 남자를 만나지만, 망설인다. 과연 그녀는 진정한 사랑을 찾을 수 있을까. 이렇게 〈먹고 기도하고 사랑하라〉를 감상하다 보면 어디로든 떠나고 싶어진다. 영화는 특히 어서 빨리 발리로 떠나라고 우리를 부추긴다.

토착 신앙과 융합한 독특한 종교 문화, 발리 힌두교
발리에서는 '신이 깃든 곳 어디나' 차낭사리Canang sari(코코넛 잎을 그릇처럼 접어 꽃, 동전, 밥 등을 넣는 것)를 놓아둔다.

젬베르 패션 카니발

©Rizaldby

'신들의 섬'이라 불리는 발리는 산스크리트어로 제물을 뜻하는 '와리^{Wari}'에서 온 말이다. 신성이 깃든 섬에 살고 있다고 믿는 현지인들은 발리를 '천 개의 사원이 있는 섬'으로 부른다.

인도네시아는 인구의 86%가 무슬림이지만 발리만큼은 86%가 힌두교를 믿고 있다. 인도네시아에 힌두교가 전파된 것은 5세기다. 하지만 15세기에 들어서면서 수마트라에서 전파한 이슬람이 인도네시아 전역으로 빠르게 확산된다. 마자파힛 왕조가 멸망하면서 힌두교 승려와 왕족들은 발리로 피신했다. 힌두교는 발리의 토착 신앙과 융합하면서 '발리 힌두교'라는 독특한 종교색을 띠게 되었다.

인도어에는 '종교'라는 단어가 존재하지 않는다. 그러다 보니 이러한 현상을 종교 영역으로 한정할 수 없고, 일종의 삶의 방식, 신앙, 수행, 삶의 형태로 내려오는 문화적 응집력이라고 표현해야 할 것이다. 힌두교는 인도의 일상생활에서 문화의 전 영역에 걸쳐 있는 문화적 행위라고 해석할 수 있다. 힌두 사상은 세계는 단지 '환상'이며 이 환영의 세계를 뛰어넘어 궁극적인 실재의 세계를 회복해야 한다고 믿는다.

발리의 새해, '녜삐 데이'

힌두교는 인도를 비롯해 동남아시아의 지역을 2000년 이상 지배해 온 종교지만 현재 힌두 문화권은 인도와 네팔, 발리 정도만 남아 있다. 발리에서 가장 중요하고도 독특한 날은 매년 3월 신성한 힌두교 휴일로 여겨지는 발리의 새해 '녜삐 데이^{Nyepi Day}'다. 녜삐^{Nyepi}는 발리 언어로 '침묵을 유지하다'라는 뜻이다. 전 세계의 새해 축하 행사는 불꽃놀이나 타종의식으로 대변되듯 화려하거나 성대한 경우가 많지만, 발리는 '완전한 침묵' 속으로 들어간다. 이때는 섬의 모든 것이 정지된다. 거리에는 보행이 허용되지 않으며, 영업하는 공간도 없고, 엔터테인먼트도, 교통수단도 없다. 심지어 공항도 24시간 폐쇄된다. 발리인들은 지난 1년 동안 섬에 숨어 있던 악령을 몰아내기 위해 침묵의 날을 실천한다. 섬에 사람이 없다고 믿게 만들어 영들을 달아나게 할 수 있다고 한다.

발리 사람들은 정화를 목적으로 강제적인 고요의 날을 보낸다. 녜삐는 낮과 밤의 길이가 거의 같은 춘분의 다음 날로 새로운 시작으로 여긴다. 발리 힌두교도들은 녜삐 데이에 네 가지 주요 금지사항 '아마티 게니^{Amati Geni}(전기, 불, 빛

없음)', '아마티 카리아Amati Karya(일 또는 활동 없음)', '아마티 렐룽간Amati Lelungaan(여행 없음)', '아마티 렐링구안Amati Lelanguan(흥이나 오락 없음)'을 지킨다. 이외에도 사랑, 인내, 진실, 관대함, 친절, 용서 등을 주제로 신과 깊이 교감하기 위해 금식과 기도와 묵상으로 6일간을 보낸다.

발리인들이 우주적 중심지라고 여기는 '구능 아궁Gunung Agung' 화산을 향해 서 있는 베사끼Besakih 사원을 비롯해 발리에는 크고 작은 힌두사원이 많다. 사원은 힌두교의 특징을 가장 잘 드러내는 예술적 집합체라고 할 수 있다. 신전은 벽돌이나 목재로 지은 지성소와 '메루'라고 불리는 상층부로 이루어져 있고 사원건축 표면은 귀면이나 수호장의 모습 등 섬의 사원을 보호하기 위한 나무 조각등이 장식되어 있다. 경내에는 조상신과 토속신, 힌두교에서 숭배하는 신과 여신들을 모신다.

악령을 쫓는 발리 오고오고 축제

오고오고 축제Bali Ogoh-ogoh Festival는 녜삐 데이 전날 밤 무서운 인형이나 조형물Ogooh-ogoh을 들고 다양한 지역을 돌아다니며 즐기는 축제다. 발리 곳곳에서 오고오고 축제가 개최되면서 발리 문화로서 국내외 관광객들의 관심을 끌게 되었다.

축제 기간이 가까워지면 발리의 마을 공동체 젊은이들은 나쁜 영혼을 상징하기 위해 거대한 괴물 조각품이나 '오고오고'라고 불리는 것을 만든다. 이 거대한 조각품은 녜삐 데이가 오기 몇 주 전부터 미리 완성되고, 녜삐 데이 전날오고오고 퍼레이드로 알려진 거리 행진에 등장한다. 퍼레이드 댄서들은 각각 특정 캐릭터를 연기하는데 이야기의 흐름에 따라 그 특징이 춤의 형태로 드러난다. 그래서인지 오고오고 축제는 춤과 음악의 시너지가 강한 공연 예술로 간주되기도 한다.

'흔들리는 것'을 의미하는 발리어인 'ogah-ogah'에서 유래한 오고오고는 예술 작품이기도 하면서 동시에 사회문화적 현상으로서의 악마 혹은 나쁜 특성을 상징한다. 오고오고 축제의 인형이나 조형물은 나무, 야자수 섬유, 종이 및천 외에도 악마에 생명을 불어넣는 연기 기계, 회전 디스크 및 스피커 등 현대적인 소재로도 만들 수 있다. 시대 변화에 따라 사회적, 문화적, 인간적 상황에 적응할 수 있는 인형과 조형물은 크고, 악하고, 무서운 악령을 의미한다.

한편으로 오고오고는 힌두교 부타 칼라^{Bhuta Kala}의 성격을 묘사한다. 부타 칼라는 우주와 시간^{Kala}의 측량할 수 없고 부인할 수 없는 힘^{Bhu}을 의미한다. 오고오고는 부타 칼라를 구체화해 거대하고 무서운 인물로 묘사되곤 한다. 종종 용, 코끼리 등 천국과 나라카에 사는 생물의 형태로 표현되기도 하며 때에 따라서는 세계의 지도자나 예술가, 종교인을 연상시키는 인물이 등장하기도 한다.

코로나19 팬데믹의 영향으로 2020년부터 2021년까지는 축제가 연기되었다. 2020년 오고오고 축제는 오고오고 만들기 대회로 대체되었는데, 대회 참가자들이 오고오고를 특정 장소에 제출하면 심사위원이 따로 평가하는 비대면 방식으로 추진되었다. 우승자에게는 발리 정부 명의의 상을 시상했다. 하지만 코로나19 팬데믹 상황이 장기화되면서 2021년에는 오고오고 축제는 물론 대회도 열 수 없었다.

다행히 2022년 녜삐 데이부터 오고오고 축제가 다시 열리기 시작했다. 2022년도 오고오고는 나뭇가지, 대나무, 헌 신문, 겨, 숯 및 마스크로 만들어졌다. 특히 숯으로 만든 오고오고는 관광 및 경제 부문에서 코로나19 팬데믹으로 인해 거의 타버린 발리의 상황을 비유적으로 보여주었다. 오고오고를 만드는 과정에서 마스크도 기본 재료로 사용했는데, 주민들에게 이 마스크를 착용하면 코로나19를 피할 수 있다고 교육했다. 발리인들은 코로나19 팬데믹 이후 발리 관광 상황이 서서히 회복되기를 고대하고 있다.

오고오고 축제　　　　　　©pakec

©FaizAttariqi

발리 우브드의 오고오고 조형물

©MagdaLena7

카니발 도시 동자바에서 열리는 젬베르 패션 카니발

젬베르 패션 카니발^{Jember fashion Carnival}은 매년 자바 동부 지역 도시인 젬베르에서 개최되는 패션 카니발 행사다. 젬베르 패션 카니발의 창시자는 젬베르 출신의 패션 디자이너 디난드 파리즈^{Dynand Fariz}다. 2001년 파리 ESMOD에서 유학한 후 자신이 설립한 패션 하우스에서 패션 위크를 시작했다. 2003년 1월 디난드 파리즈 주도 아래 젬베르 광장에서 소규모로 진행된 행사가 카니발의 시작이었다. 첫 번째 젬베르 패션 카니발은 '펑크, 집시 및 카우보이'라는 주제로 패션 하우스 직원과 살롱 직원 50명이 참석했다.

젬베르 패션 카니발   ©Santinabilah

안타깝게도 코로나19 팬데믹 기간이었던 2020년에는 행사가 취소되었고, 2021년에는 젬베르의 호텔에서 '버추얼 판타지'라는 주제 하에 소규모로 진행되었다. 그리고 2022년, 2년간의 공백 끝에 드디어 젬베르 패션 카니발이 동부 자바의 젬베르 리젠시에서 '인도네시아의 경이로운 군도 축제Wonderful Archipelago Carnival Indonesia'를 주제로 다시 공개 개최되었다. 인도네시아는 재개된 카니발을 통해 젬베르를 역동적이고, 진정성 있는 세계 카니발 도시로 만들겠다는 의지를 다지고 있다. 이는 지역의 경제 발전과 지역 우수성, 현지 디자이너의 역량을 알리겠다는 창시자 디난드 파리즈의 정신을 잇는 것이기도 하다.

매년 다양한 주제로 개최되는 젬베르 패션 카니발은 춤, 미술, 음악 등 다양한 장르가 융합되어 있어 국내외 관광객은 물론 다양한 패션 디자이너와 사진작가들도 행사에 높은 관심을 보인다. 이러한 흥행에 힘입어 2017년 젬베르는 관광부 결정에 의해 국내외적으로 인정받는 인도네시아 카니발 도시로 지정되었다.

그간 어쩔 수 없이 잠시 걸음을 멈춰야만 했던 젬베르 패션 카니발. 이제 다시 화려한 축제의 막을 올리고 국내외 관광객들에게 동부 자바와 젬베르 지역을 상기시키며 관심을 불러모으고 있다.

화려한 역사 속 영화 촬영지를 따라
지역 경제가 되살아나다

독일
프랑크푸르트 지사

중세 역사를 품은 독일의 할리우드,
괴를리츠

영화 〈그랜드 부다페스트 호텔〉, 〈더 리더: 책 읽어주는 남자〉, 〈바스터즈: 거친 녀석들〉, 〈책도둑〉의 공통점을 찾아낼 수 있을까.

각 영화 장면들에는 구시가지, 아르누보 양식의 백화점 건물, 마을 중앙 광장, 시청 앞 등이 등장한다. 도대체 이곳이 어디일까. 유럽인이 아니면 선뜻 찾아내기 어려운 이 도시는 독일 작센주에 위치한 작은 도시 괴를리츠Görlitz이다. 괴를리츠는 독일의 할리우드라는 별칭인 '괴를리우드Görliwood'로 불린다. 나이세 강을 사이에 두고 폴란드의 도시 즈고르젤렉과 국경을 마주하고 있는 이곳은 제2차 세계대전을 거치면서도 도심이 거의 파괴되지 않고 고딕, 르네상스, 바로크 등 모든 형식의 건축물이 잘 보존되어 있어 아름답다.

8월 말, 9월 초에 열리는 괴를리츠 구도시 축제에는 10만여 명이 방문할 만큼 인기가 높다. 독일의 다른 도시들과 달리 괴를리츠는 익명의 기부금으로 수많은 기념물과 건축물들을 복원하면서 올드시티의 모습을 간직하고 있다. 괴를리츠는 약 4,000개의 기념물과 다양한 건축 양식을 보여주는 역사적 건물 700개를 보유하고 있다. 이러한 특징이 완벽한 영화 촬영 장소로 각광받는 이유 중 하나일 것이다.

괴를리츠의 쉔호프 건물

괴를리츠 구시가지 전경

대표적으로 케이트 윈슬릿 주연의 영화 〈더 리더: 책 읽어주는 남자〉, 랄프 파인즈와 오웬 윌슨이 출연한 〈그랜드 부다페스트 호텔〉은 괴를리츠 구 시가지에서 촬영했다. 쥘 베른 원작 〈80일간의 세계일주〉를 영화화한 동명의 작품에서는 괴를리츠 시청 앞이 18세기 파리 광장으로 완벽하게 재현되면서 독일의 할리우드라는 명성이 시작됐다. 〈괴테〉에서는 인공 눈을 활용해 여름철 시청 앞 광장을 겨울 풍경으로 재탄생시켰다. 시청광장 우물과 시청탑은 쿠엔틴 타란티노 감독의 역작 〈바스터즈: 거친 녀석들〉에도 등장한다. 〈책도둑〉에서는 마을 중앙광장의 장미빛 뵈어제 호텔 건물 앞에서 책을 태우는 압도적인 장면이 촬영되기도 했다. 지역 수공예가, 상인, 서비스직 종사자들은 특별 요청을 받아 영화 제작에 참여하기도 한다.

괴를리츠 시청

괴를리츠는 어떻게 이토록 매력적인 영화 촬영지로 각광을 받으면서 많은 관광객들을 끌어들일 수 있었을까.

화려한 역사 속에서 만들어진 도시의 매력

괴를리츠는 독일에서 가장 동쪽에 있는 도시이며 독일인들이 가장 아름다운 도시로 꼽는 곳이다. 폴란드의 동부 지역인 즈고르젤렉Zgorzelec과 함께 두 부분으로 나뉘어져 있지만, 서로 공존하며 일상을 누리고 있기 때문에 분열된 느낌을 받을 수 없다. 제2차 세계대전에서 전쟁의 상흔을 입지 않고 살아남아 도시 본래의 개성을 유지하고 있다. 여행객들은 중세와 19세기 시대의 영향을 받은 웅장한 거리와 광장에 깊은 인상을 받는다.

©Paul Glaser

괴를리츠 도심 골목

괴를리츠는 중세 말과 르네상스 초기 라이프치히와 브레슬라우와 같은 무역 대도시들 사이에서 상공업 중심지로 자리잡으며 최초의 전성기를 누렸다. 무역 성행과 함께 도시의 부도 쌓이면서 여러 시대에 걸쳐 화려한 건물들이 세워졌다. 바로 이런 건축 문화 유산이 오늘날 영화 제작자들의 관심을 끄는 요소가 되었다.

괴를리츠는 19세기인 1816년 슐레지엔 지역으로 편입, 프로이센에 속하게 되면서 두 번째 전성기를 맞는다. 도시는 프로이센 오버라우지츠 지방에서 점점 더 큰 경제적, 정치적, 지적 영향력을 확보하면서 법과 행정의 중심지가 되었고 인구도 10배 이상 늘어났다.

무역 중심지로서의 중요한 위치를 차지하는 괴를리츠는 19세기 말과 20세기 초에 자동차 도로와 철로를 통해 여러 도시와 연결됐다. 이후 수많은 대기업은 물론 중소기업들이 괴를리츠에 터를 잡으면서 도시는 더욱 커지고 일자리가 늘어났다. 이에 따라 주거 환경, 은행, 호텔, 상업 시설, 음식점 등도 크게 늘면서 삶의 질도 높아졌다.

1949년만 해도 독일 동쪽 지역 기업들 다수가 위치한 대도시였던 괴를리츠는 제2차 세계대전 이후 얄타회담 결과에 따라 서쪽은 독일로, 동쪽은 폴란드로 나뉘었다. 독일 통일 이후 많은 투자자들이 괴를리츠를 찾아와 건축 복원계획을 수립하면서 도시는 다시 비약적으로 성장할 수 있었다.

괴를리츠는 많은 건축물들을 복원하는 데 익명의 기부자들의 자금을 활용했다. 1995년 이름모를 자선가가 수백년 된 건물과 주택들을 복원하는 데 사용하라며 400만 유로(약 54억 원)를 기부했는데, 이는 시정부에서 모으기에는 어려운 금액이었다. 덕분에 사람들은 괴를리츠에서 잘 관리된 르네상스, 고딕, 바로크 양식의 건물들을 볼 수 있게 되었다.

괴를리츠의 랜드마크인 나이세 강 위에 자리잡은 성 베드로 교회St. Peter's Church는 11세기 성곽을 따라 올라간다. 이 교회에는 1697년에 제작된 17개의 '태양(방사형으로 배열된 파이프)'이 있는 오르간이 있어 더욱 유명하다. 1494년 완공된 프라우엔 교회도 오래된 건물 중 하나다.

1912년 완공된 '칼슈타트 백화점'은 건축가 카를 슈만의 작품으로, 오늘날 유럽 대형 백화점 중에서 원형 그대로 보존된 유일한 건물이다. 괴를리츠에서 가장 아름다운 건물로 꼽는 쉔호프Schönhof는 독일에서 가장 오래된 르네상스 건물 중 하나다. 쉔호프에는 유럽 중부 실레지아 지역의 유구한 역사와 풍부한 문화를 엿볼 수 있는 있는 실레지아 박물관이 있다.

원래 하나의 도시였던 독일 괴를리츠와 폴란드 즈고르젤렉도 한층 가까워지며 1991년에는 파트너십을 맺고 1998년에는 유럽 도시 괴를리츠·즈고르젤렉이라는 이름으로 공동 성명을 선포했다. 2007년 괴를리츠는 경제 안정화와 강화를 목표로 마케팅, 경제 발전, 관광을 효율적으로 추진하기 위해 '유럽 도시 괴를리츠·즈고르젤렉 유한회사'를 설립했다.

성 베드로 교회

괴를리츠 중앙광장

©Thomas Schneider

관광객들에게 괴를리츠가 사랑받는 이유

괴를리츠는 독일의 동쪽 끝에 위치해 폴란드와 맞닿아 있고, 체코와의 거리도 가깝다. 괴를리츠를 여행하면 여러 나라의 언어, 문화를 다양하게 경험할 수 있다. 드레스덴, 프라하, 브레슬라우 같은 매력적인 대도시들과도 멀지 않아 근거지로 삼고 여러 도시들을 함께 여행하기에도 매력적이다. 최근 괴를리츠 관광이 성공을 거두면서 시의 재정에도 큰 역할을 했다. 2014~2019년간 관광 수입액은 18.05% 증가해 4,710만 유로(약 640억 원)에 달했다.

코로나19 팬데믹으로 타격을 크게 받긴 했지만 2022년 관광수입도 다시 증가 중이다. 관광객 대부분은 짧은 여행이나 도시 여행을 즐기는 독일인이지만, 폴란드, 스위스, 오스트리아, 네덜란드, 체코 방문객도 눈에 띈다. 2019년 방문객은 15만 8,038명이었으며, 숙박일수는 32만 7,529일을 기록했다. 영화도 2021년에만 5편이 동시에 촬영되었다. 많은 영화 산업 관계자들이 도시를 방문하면 호텔, 펜션 등 숙박 시설도 경제적 이득을 얻을 수 있다. 영화 촬영을 진행했던 몇몇 세트장은 철거하지 않고 그대로 두어 관광객 유치에 활용하고 있다.

2003년 성룡이 주연한 액션 코미디 〈80일간의 세계일주〉는 많은 장면이 괴를리츠에서 촬영되었다. 운터마르크트에 있는 호텔 에머리히에서 뛰어내려 니콜라이투름 주변을 떠도는 장면이 인상적이며 괴를리츠 양조장은 뉴욕의 항구가 되기도 했다. 당시 괴를리츠 사람들은 양조장이 있는 붉은 벽돌 건물 사이의 길을 '성룡 가세Jackie Chan Gasse(성룡거리)'와 '암 하펜Am Hafen(항구 앞)'이라고 명명했다. 특히 관광객들이 이 길을 찾아 여행할 수 있도록 성룡거리를 그대로 남겨두었다.

괴를리츠의 장난감 박물관Spielzeugmuseum은 1850년부터 현재까지 에르츠게비르게 지역의 장난감을 4,000개 이상 전시하고 있다. 동독 시대에는 어린 시절을 재현할 수 있는 이곳이 동화 각색자들이나 영화 제작자들에게 인기 있는 촬영지였다. 소박한 독일 요리를 재현하는 비어가든이 있는 전통 여관, 벽난로, 분위기 있는 아치형 지하실은 영화 속에서 자주 등장한다.

이외에도 괴를리츠 역사를 담고 있는 바로크 하우스 나이스슈트라세Baroque House Neissstraße, 카이저트루츠 요새Kaisertrutz fortification 및 라이헨바흐 타워Reichenbach Tower 등 3개의 등록 문화재에서는 소장전과 특별전시회가 열리고 있다.

괴를리츠는 공식 웹사이트 외에도 인스타그램, 핀터레스트, 유튜브, 페이스북 등 SNS 계정을 운영하고 있다. 웹사이트 내 '괴를리츠 경험하기'라는 메뉴에서는 매일 진행되는 가이드 투어(공식 해설 프로그램, 그룹 투어, 테마 투어, 영화 촬영지 투어, 공포 투어 등)를 비롯해 행사, 숙박 및 여행 상품 등 시의 다양한 정보를 확인할 수 있다. 개별 여행객, 그룹 여행객, 가족 여행객을 위해 준비된 다양한 여행 상품은 역사 문화, 건축 등 원하는 주제에 따라 자유롭게 구성할 수 있으며, 숙식을 포함한 2박짜리 여행 상품도 예약할 수 있다.

괴를리츠 전경을 감상하고 싶다면 운터마르크 광장의 시청 타워에 오르면 된다. 191개의 계단을 올라가면 60m 높이에서 마을 전경을 내려다볼 수 있다. 타워를 장식하는 아름다운 달의 위상 시계에 대해 알아보는 가이드 투어도 참여해 보기를 바란다.

올드 타운에는 작센 또는 실레지아 요리를 즐길 수 있는 오래된 레스토랑이 있다. 그레이비로 요리한 돼지고기와 감자가 들어 있는 전통 요리가 일품이다. 저녁식사 장소에서 우연히 배우들을 만날 수 있을지 모른다는 기대감은 많은 방문객을 유인하는 매력적인 요소이기도 하다. 성룡거리처럼 몇몇 영화 세트장은 철거하지 않고 그대로 두었기 때문에 마치 영화 속 주인공이 된 것처럼 영화 속에 등장한 장면을 직접 거닐어 보는 것도 특별한 추억이 될 것이다.

괴를리츠 중앙광장 영화 촬영 장면 ©Stadt Görlitz

문화 콘텐츠 파워로
앙코르 고대 루트를 개발하다

태국
방콕 지사

스포츠와 K팝으로 일어선
태국 부리람

미소의 나라, 태국은 손꼽히는 관광 대국이다. 수도 방콕이나, 파타야, 푸껫, 치앙마이, 치앙라이, 파타야 등을 떠올릴 수 있겠지만 최근에 급부상하고 있는 곳은 방콕에서 북동쪽으로 400km 정도 떨어져 있는 '부리람Buri Ram'이라는 작은 도시다.

부리람 사원

©위키피디아

〈라리사〉 뮤직비디오   ⓒ유튜브 캡처

　'부리람'은 행복의 도시라는 이름처럼 평화롭고 평안한 곳이다. 인구 99만 6,323명이 거주하는 이 도시에는 고대 역사 시간의 흔적이 남아 있다. 고고학자들은 선사 시대 인간이 거주했던 흔적을 발견하기도 했고, 약 60개의 사암 보호 구역을 발견하기도 했다.

　부리람은 태국 76개 주 가운데 17번째 크기로 쌀농사와 녹말 원료인 카사바 재배를 주로 하는 전통적인 농업 지역이다. 부리람은 해변도, 유명한 관광 자원도 거의 없는 곳이다. 그렇지만 타지역이 높은 급여와 일자리를 찾아 도시로 떠나고 있는 데 반해 오히려 부리람은 최근 10년 사이에 인구가 무려 58%나 증가했다. 부리람에 사람을 불러모으며, 지역에 생기를 불어넣은 비결은 무엇일까. 전문가들은 스포츠나 대중문화 등 '소프트 파워'를 꼽는다.

　최근 사람들은 부리람 하면 '부리람 축구단'과 K팝 가수 블랙핑크의 태국인 멤버 리사의 고향을 떠올린다. 특히 지난 2021년 9월 11일 발표한 싱글 뮤직비디오 〈라리사ᴸᴬᴿᴵˢᴬ〉에 부리람이 배경으로 등장하면서 세계적인 관심을 모았다.

부리람 축구단, 2년 만에 명문 구단 도약

2009년 12월 부호富豪 네윈 칫촙이 방콕 인근 아유타야를 연고지로 한 축구단 PEA FC를 인수하겠다는 발표를 했다. 축구단 인수 이듬해에 국내 프로축구단 가운데서 최대 규모인 3만 2,600여 명을 수용할 수 있는 천연 잔디 전용축구장을 완공했고, 외국인 지도자 영입에도 투자를 아끼지 않았다. 인수한 다음 해에는 태국 프로축구리그에서 준우승을 차지했다. 축구장을 찾은 팬들에게무료 입장권과 음식, 기념품 등을 제공하는 팬서비스를 진행해 기쁨을 함께 나누었다. 설립 2년 후에는 3억 밧(약 110억 원)의 수입을 거둬들였다. 56억 원은머천다이징 상품, 나머지 45억 원은 후원 유치를 통한 수익이었다.

부리람 축구단'은 2011년에 태국 프로축구 역사상 국내 유명 프로축구 3개 대회를 동시 석권한 첫 번째 팀이 되었다. 이외에도 태국 프리미어 리그 7회우승을 비롯해 2021년 태국리그 우승 및 FA컵 5회 우승을 차지하며 태국 최고의명문 구단으로 도약했다. 아시아 축구연맹^AFC^은 부리람의 홈구장인 창 아레나를 AFC 챔피언스리그, 아시안컵, AFC U-23의 공식 개최지로 선정했다. 월드컵에출전한 경험은 없지만 태국인들이 축구 도시 부리람에 주목한 것은 당연했다.

지역 명문 축구단의 탄생은 다양한 경제 파생 효과로 이어졌다. 공공 시설인프라 개발, 호텔 등 숙박 시설 증가, 일자리 창출, 임금 인상 등을 통해 지역 경제는 활기를 띠었다. 2013년 태국 농업협동부 조사 발표 자료에 따르면 부리람의인구는 99만 6,323명이다. 2019년 158만 명, 2021년에는 157만 7,000명으로10년 여 만에 58% 증가했다. 코로나19 팬데믹 기간에도 큰 변동은 없었다.

---

1. 2012년도에 부리람 PEA에서 부리람 유나이티드로 개명했다.

ⓒ부리람 FC facebook

부리람 축구단

'스포츠 도시'를 표방한 부리람 주정부

부리람은 축구단을 통해 지역민과 소통하고 연대감을 다지기 위해 '당신이 12번째 선수'라는 뜻을 담은 〈Gu12〉라는 캠페인을 전개했다. 지역민들은 최고의 명문 구단을 보유하고 있다는 지역 자긍심이 더 높아졌다. 정치 은퇴를 선언하고 축구단 운영에 전념하고 있는 구단주 네윈 칫춥은 부리람 축구단 인수를 '부리람 사람들을 위해 큰 나무를 길렀다'고 표현했다. 부리람 축구단은 부리람 사람들의 것이라는 의미이다. 축구단의 큰 성공으로 인해 각종 스포츠 연맹전, 모터 스포츠, 마라톤 등이 연이어 개최되었으며 최근에는 e-스포츠까지 확대되는 중이다. 부리람 주정부는 '스포츠 도시'를 표방하고 있다.

K팝 스타 리사의 고향, 앙코르 고대 루트

부리람이 세계인의 관심을 끈 것은 K팝 걸그룹 블랙핑크의 태국인 멤버 리사가 2021년 9월 11일 발표한 싱글 뮤직비디오 〈라리사〉 때문이었다. 〈라리사〉는 발표 2시간 만에 유튜브 1,000만 뷰, 12시간 만에 5,000만 뷰, 하루 만에 7,360만 뷰를 돌파하며 일일 최다뷰 기록으로 기네스북에 올랐고 공개 1주일 뒤에는 1억 7,000만 뷰를 기록했다.

리사가 태국 전통 의상과 액세서리 차림으로 등장하는 뮤직비디오 배경은 그녀의 고향인 부리람의 파놈 룽Phanom Rung 석성石城 사원이다. 파놈 룽 사원은 시바에게 헌정된 힌두교 사원으로 10~13세기까지 지어졌다. 코랏Korat에서 약 1시간 반 거리, 앙코르(고대 크메르 제국의 중심지)에서 나콘라차시마 지방의 피마이로 가는 고대 경로에 위치해 있다. 시바가 사는 힌두교의 신성한 산인 카일라쉬 산을 상징하는 언덕 꼭대기에 지어진 앙코르 스타일의 파놈 룽 사원은 태국의 크메르 사원 중 가장 인상적이고 중요한 사적이다.

파놈 룽은 사원으로 이어지는 160m 길이의 산책로, 메인타워와 파빌리온, 힌두교 신 시바와 비슈누의 조각, 서사시 라마야나의 장면으로 장식된 내부, 시바의 힘을 상징하는 신성한 링가를 모시는 메루(산을 상징하는 메인 타워), 신성한 힌두교 경전이 보관된 두 개의 도서관, 메루 산을 둘러싼 바다를 상징하는 연못으로 이루어져 있다.

지상 세계에서 신의 세계로 넘어가는 것을 상징하는 다리를 건널 때면 어느새 신의 세상에 들어선 듯하다. 매년 4월 13일에는 사원에서 파놈 룽 축제가 열린다. 이날은 신을 기리는 행렬과 전통 무용 공연을 포함해 다양한 전통 의식이 공연된다. 저녁이 되면 불꽃놀이와 빛과 소리 쇼가 볼 만하다.

리사의 인기는 부리람의 지역 문화 축제에도 영향을 미쳤다. 리사는 부리람에서 태어나 방콕에서 국제학교를 다녔고 중학교 2학년 때부터 5년 3개월의 연습생 생활을 거쳐 블랙핑크의 멤버로 데뷔했다. 〈라리사〉 뮤직비디오 흥행 이후 태국 방송의 한 토크쇼에 출연한 리사가 부리람 사람들의 대표 간식인 미트볼Luk chin(어묵) '룩친 유엔 낀Luk chin Yuen Kin'을 좋아한다고 말하자, 미트볼이 불티나게 팔리기 시작했다.

미트볼은 소스를 뿌려 먹는 방식이 다양한 만큼 자신만의 스타일이 있는 간식이고, 다양한 종류의 미트볼을 판매하는 노점은 시장에서 가장 인기가 많다. 그 중 하나인 파녹 미트볼Pa Nok Meatballs은 부리람을 포함해 태국의 거의 모든 지역에서 즐겨 먹는 간식이다. 미트볼의 인기에 고무된 부리람은 코로나19 방역 조치로 2년간 중단되었던 미트볼 축제를 되살렸다. 축제에서는 미트볼 특별 판촉전 및 먹방대회 등이 열렸다.

또한 태국 국영 철도는 뮤직비디오 발표 8일 뒤인 9월 19일부터 9월 24일까지 방콕, 우본랏차타니, 나콘랏차시마 등에서 출발해 부리람에 도착하는 '부리람 관광' 특별 열차를 운행했다. 태국 전역으로 부리람 미트볼 체인점도 확산됐다.

부리람 관광 특별 열차

〈라리사〉 뮤직비디오

태국 영문 일간지 《방콕포스트》는 2021년 9월 14일 1면에 리사의 뮤직 비디오를 높이 평가하는 쁘라윳 짠오차 태국 총리의 기사를 실었는데, 타나꼰 왕분꽁차나 정부 대변인은 "리사의 뮤직비디오 성공과 더불어 태국의 문화적 영향력을 강화할 준비가 돼 있다"며 "태국 문화를 적용한 상품을 생산하는 디자인 업계의 자신감을 더 북돋을 수 있다"고 발표했다. 네이션 등 현지 매체도 리사의 뮤직비디오 덕분에 파놈 룽 역사 공원이 명소로 알려져 시민들이 리사에게 고마움을 전하는 내용을 보도했다.

프로축구, K팝으로 주가를 끌어올린 부리람은 지역 경제 도약에 큰 기대를 모으고 있다. 부리람 공항은 국내─국제선이 동시 취항하는 제2터미널이 조성되는 등 인프라 개발도 지속되면서 스포츠 투어리즘, 엔터테인먼트의 이미지를 통해 국제 이벤트 개최와 국내외 투자 유치에도 한층 속도를 내고 있다.

Tip   **부리람 야시장**

부리람 야시장은 저렴하면서도 맛있는 현지 길거리 음식을 맛볼 수 있는 곳이다. 신선한 과일과 다양한 종류의 간식을 즐기기에 좋다. 음식 포장 마차 근처에는 의류나 패션 소품을 저렴하게 파는 시장이 있다.

주말 야시장인 롬 부리 로드Rom Buri Road와 부리람 워킹 스트리트Buriram Walking Street는 오후 4시부터 오후 10시까지 영업하며 맛있는 길거리 음식, 과일 음료, 패션 아이템까지 모여 있어 부리람의 밤을 즐기기에 적합한 곳이다. 주말에 부리람에 오는 여행객들은 국내에서 가장 현대적인 부리람 FC 경기장Buriram United F.C.에서 축구 경기를 관람하고, 워킹 스트리트를 걷는다. 파파야 샐러드 등 태국의 대표적인 요리도 이곳에서 시작되었다.

소 그라오Soh Grao 야시장은 아레나 스타디움 근처에 위치한 야시장이다. 이 거대한 시장은 새벽 5시부터 밤 늦게까지 열린다. 방문객들은 주로 파녹 미트볼 간식과 락사나 돼지 다리 조림, 매운 쏨땀, 구운 닭고기 등을 즐겨먹는다.

오래된 집과 젊은 건축가의 만남으로
농촌 재생의 새로운 길을 열다

중국
베이징 지사

비어 있는 시골 마을을 바꾼 디자인의 힘,
공심촌 살리기 프로젝트

당신은 좋은 이웃인가. 중국 작가 심치인Sim Chi Yin은 〈좋은 이웃A Good Neighbour〉
을 테마로 한 제15회 이스탄불 비엔날레Istanbul Biennale에 베이징의 공습 대피소(지하
벙커)와 지하실에 살고 있는 이주 노동자들에 대한 영상과 사진 작업 프로젝트인
〈쥐족Rat Tribe〉을 출품했다.

매그넘 포토스Magnum Photos[1] 멤버로 이미 세계적으로 알려진 작가인 심치인은
이 프로젝트를 세계 각국에서 전시한 바 있다. '쥐족'은 중국 베이징 지하 벙커에
집단적으로 거주하는 사람들을 지칭하는 신조어로 '베이징 드림'을 향해 시골에서
상경한 청년들의 인터뷰 영상과 사진으로 기록된 작품이다. 영상은 쥐족으로 불
리는 이들이 지금 남아 있는 터전 밖으로 내몰릴 위기에 처했음을 알리고 있다.

1950년대부터 베이징의 신축 건물은 의무적으로 지하 벙커를 만들도록
했다. 1990년대 개혁·개방 이후 도시로 이주하는 인구가 폭발적으로 늘어나면
서 이 벙커는 주거용으로 쓰이기 시작했고, 거주하는 인구가 금세 100만 명을
넘어섰다. 베이징을 비롯해 상하이 등 대도시로 몰리는 젊은이들과 시골에서 몰

---

1. 다큐멘터리 사진 작가 그룹

©시야오터우 마을 FA공사

시야오터우 게스트하우스

려온 농민공들로 인해 중국의 시골은 점점 비어 가기 시작했다. 도시 문제와 더불어 점점 심화되어 가는 지방 소멸 현상은 중국이 해결해야 할 긴급한 과제다.

중국에는 호구 제도가 있어 거주지 변경에 제한이 있는데도 불구하고 중국인들은 임금 격차, 자녀 교육, 생활 편의 등의 이유로 도시로 이동 중이다. 2000년대 초반까지 도시화를 촉진하는 방향으로 추진했던 정책으로 인해 도시와 농촌의 불균형과 격차가 심화되었다. 농민들이 떠난 후 주택은 1년 이상 비어 있거나 노후화되어 방치되는 경우가 늘어났다. 주택은 있지만 주민은 없는 속이 텅 빈 마을인 '공심촌空心村'이 점점 증가하는 추세다.

중국은 2004년 제16기 중앙위원회 4차 전체회의에서 도시와 농촌의 균형 발전과 농촌 문제 해결 방안을 모색하기 위해 '공업을 통해 농업을 육성해야 하고, 도시는 농촌을 지원해야 한다工业反哺农业、城市支持乡村'는 방안을 발표했다. 이 발표를 기점으로 2017년 제19차 전국대표대회에서 '향촌진흥전략계획乡村振兴战略规划', 2021년 '향촌진흥촉진법乡村振兴促进法'을 공표하는 등 각종 회의에서 농촌 문제를 지속적으로 언급했다.

©시야오터우 마을 FA공사

시야오터우 게스트하우스

©시야오터우 마을 FA공사

©시야오터우 마을 FA공사

시야오터우 게스트하우스

©시야오터우 마을 FA공사

이쥐러농 공심촌 프로젝트, 공심촌을 살린 건축가들의 게스트하우스

'공심촌'이라는 심각한 현안을 어떻게 헤쳐 나갈 수 있을까. 중국 허베이성河北省 장자커우시張家口市에 위치한 위현蔚縣 용취안장향涌泉庄乡 시야오터우西窑头村에서 진행된 이쥐러농의 공심촌 리뉴얼 프로젝트가 이 질문에 대한 대답이 될 수 있을 것이다.

시야오터우는 100여 가구에 300여 명(2018년 기준)의 주민이 거주하고 있는 곳으로 이 중 50여 가구, 130여 명의 연소득은 627위안(약 12만 원) 정도로 절대빈곤층에 속했다. 마을의 토양 조건이 좋지 않아 옥수수 등의 작물만 제한적으로 재배할 수 있고, 자연보호 때문에 목축업도 할 수 없다 보니 마을 밖으로 납품할 만한 농축산물은 적을 수밖에 없었다. 이로 인해 남자들은 타지역으로 일을 하러 나갔고, 정작 마을에 상주하는 사람은 100여 명 남짓한 전형적인 공심촌이었다.

이러한 시골 마을에 상하이의 기업 '이쥐러농易居乐农'은 새로운 변화의 바람을 일으켰다. 수년 동안 빈곤 구제와 지역 사회 지원 사업을 진행해 온 이쥐러농은 공심촌에 게스트하우스를 조성하는 아이디어를 제안했다. 이쥐러농 주쉬동朱旭东 회장은 "농산물을 밖으로 내보내는 것이 통하지 않는다면, 도시 사람들을 안으로 들어오게 하면 된다"라며 도시 관광객들이 공심촌을 매력적인 공간으로 느낄 수 있도록 방법을 모색했다.

이쥐러농은 단순히 쓰러져 가는 건물을 허물고 새 건물을 짓는 일에서 그치지 않고, 새로운 수익형 사업 모델을 만들기 위해 전문 숙박 관리 회사인 화챠오청华侨城有集民宿管理公司과 손을 잡고 FA 공사Fortune Art Homestay라는 게스트하우스 브랜드를 런칭했다. FA 공사는 '디자인으로 농촌 활성화를 촉진한다'라는 콘셉트로 해당 지역의 문화와 농업을 관광과 유기적으로 연결하기 위해 문화 · 관광 · 호텔 업계에 종사하는 전문가들을 다년간 프로젝트에 투입했다.

사업 방향을 잡은 이쥐러농은 프로젝트를 시행할 공심촌 후보지를 물색했고, 최종 낙점된 곳이 시야오터우였다. 이 마을은 베이징北京, 바오띵保定, 따통大同 등의 대도시와 근접해 있으며 징후² 고속도로 길목에 위치해 지리적으로 큰 이점

---

2. 징후京沪: 베이징—상하이.

을 갖고 있다. 시야오터우가 위치한 위현은 유구한 역사를 지닌 곳으로 위주 고성蔚州古城, 난취안 전통 마을暖泉古鎭 등의 관광지가 인접해 있다.

또한 시야오터우에서는 2006년에 국가무형문화유산목록에 등재된 종이공예剪纸, 불꽃놀이打樹花, 전통 도자기 제작古法燒窯 등을 비롯해 다양한 문화 체험 활동이 가능해 '문화와 관광의 결합'이라는 목표에 부합했다. 이쮀러눙의 결정은 해당 지방자치단체의 전폭적인 지지를 받았다. 현·향·촌의 지도자들은 시야오터우 마을의 리뉴얼 프로젝트를 지원했고, 정부의 지원과 민간의 협력으로 2018년에 1,500만 위안(약 28억 원) 규모로 첫 프로젝트를 시작했다.

문화＋농업＋관광의 시야오터우 마을 리뉴얼 프로젝트

2021년 7월 30일, 시야오터우에 FA공사의 디자이너 게스트하우스가 정식 오픈되었다. 총 면적 9만 3,000m²에 베이징, 상하이, 홍콩, 대만 등에서 활동하던 12명의 중국 청년 건축가들을 초빙해 현지 환경과 잘 어울리면서도 각각의 특색을 살린 16동의 게스트하우스를 조성했다.

공심촌에 들어선 디자이너 게스트하우스는 남다른 오픈 이벤트로 한 번 더 사람들의 눈길을 끌었다. 나무를 심거나 중고 물품을 기부한 사람에게 무료로 숙박 서비스를 제공한 것이다. '나무 심기 이벤트'의 경우 게스트하우스 방문

시야오터우 게스트하우스

©시야오터우 마을 FA공사

전에 FA 공사 웹사이트 내에서 묘목을 구매하면 숙박하는 기간 동안 지정된 장소에 나무를 심고 메시지를 남길 수 있도록 했다. 또한 게스트하우스 운영에 필요한 물품을 웹사이트에 미리 고지한 후 숙박자들에게 중고품을 기증받았다. 이를 통해 게스트하우스 내 대부분의 가구와 가전들이 중고 물품으로 채워졌다.

상시 진행되는 체험 활동도 흥미를 자극한다. 우선 전통 가옥에서 국가무형문화유산인 종이 공예를 체험하는 활동이 있다. 참가자들은 직접 전통 공예를 배워서 자신만의 작품을 만들고 이를 가져갈 수 있다. 전통 도자기 체험도 있다. 여행자들은 전통 기법으로 제작한 도자기 작품들을 감상할 수 있고 원한다면 본인이 직접 만들어 볼 수도 있다. 저녁에는 밤하늘을 아름답게 수놓는 불꽃놀이打树花가 펼쳐진다. 중국은 예로부터 명절에 폭죽을 터뜨리는 것으로 유명한데, 옛날에 화약이 비싸 구할 수 없었던 농민들이 끓는 쇳물을 하늘에 뿌려 폭죽을 터뜨리는 것과 비슷한 효과로 불꽃놀이를 연출한다. 이외에도 공유 경작지 등을 운영해 도시 여행자들이 일일 농업 체험을 할 수 있는 환경도 마련되어 있다.

시야오터우 마을의 리뉴얼 프로젝트는 공유 농장이라는 개념에서 출발한다. 농촌 유휴 주택 또는 부지를 활용해 숙박 시설을 조성, 도시 등에 거주하는 타지역 사람들에게 임대하는 방식이다. 농민들도 부지 또는 주택을 현물 출자한 투자자로 FA 공사의 주주인 셈이다. 이런 구조로 인해 농민들은 프로젝트로 얻은 수익을 비율에 따라 가져갈 뿐만 아니라 주주로서 경영에 참여한다.

공심촌 리뉴얼 프로젝트를 통해 첫해에는 105만 위안(약 2억 원) 이상의 자산 수익을 달성했고, 275개의 공공복지 일자리가 창출되었다. 2021년 10월 중국 정부에서 발표한 〈중국 민박 체인 브랜드 영향력 분석 보고서中国民宿连锁品牌影响力分析报告〉에 따르면 FA공사는 브랜드 영향력 항목에서 1위를 차지하는 등 첫 해부터 경쟁력 있는 숙박 서비스로 자리매김했다.

시야오터우의 사례처럼 지자체, 기업, 민간이 모두 적극적으로 참여하고 각 구성원이 주인 의식을 가질 때 새로운 프로그램, 경험 등을 끊임없이 만들어 낼 수 있다. '도시와 농촌을 어떻게 연결할 수 있을까'라는 질문에 시야오터우의 리뉴얼 프로젝트는 모범적인 사례로 남을 것이다.

대부분의 사람들은 짧은 휴가 기간 동안 한 곳에 머물게 된다. 우토피아랩Wutopia Lab의 수석 건축가 위팅俞挺은 시야오터우를 찾아온 사람들에게 잠시나마 세상의 시선을 피해 숨어서 숨길 수 있는 곳을 제공해 주고 싶었다.

작은 시골 마을일수록 담장의 경계는 무의미하지만, 게스트하우스를 찾아오는 낯선 사람에게는 안정감을 느낄 수 있는 밀폐된 환경이 필요했다. 그는 시야오터우 주민들이 외지에서 찾아온 건축가들을 환영하고, 시야오터우에 스며드는 새로운 예술과 문화를 거부감 없이 받아들이는 태도에 주목해 과감한 설계를 시도했다.

2021년 6월 수도원을 연상시키는 흰색 게스트하우스 〈낯선 사람들The Strangers〉이 완공되었다. 마그리트의 초현실주의 그림 〈Le Calcul Mental〉에서 영감을 얻어, 시골 마을에 어울릴 법한 건축 재료나 디자인을 통해 기존의 풍경에 스며들게 만드는 것이 아니라 기하학적인 형태와 도시적인 색감을 활용한 '낯설게 하기'를 택했다.

우토피아랩은 시야오터우의 기존 건물들이 연속적인 벽으로 둘러싸여 있다는 점을 발견하고, 오히려 이러한 특징을 강화하여 완전 독립된 이미지를 만들기 위해 새롭게 설계하는 게스트하우스의 외벽을 7m까지 올렸다. 두꺼운 벽체는 겨울철에는 보온 효과를 내고, 여름철에는 그늘을 만들어 시원함을 선사한다. 또한 별도의 건물로 설계된 각 방들은 복도로 연결되어 있지 않다. 방을 나오면 바로 야외로 이어지는데, 이는 곧 전통적인 중국 뜰의 형태를 띤다.

시야오터우 마을의 경치는 소박하고 특별한 것은 없는 풍경이다. 복잡한 도시를 벗어나 '진짜 휴식'을 취하기 위해 이곳에 모든 것을 내려놓고 며칠 머무르는 건 어떨까.

©시야오터우 마을 FA공사 ©시야오터우 마을 FA공사

우토피아랩의 게스트하우스

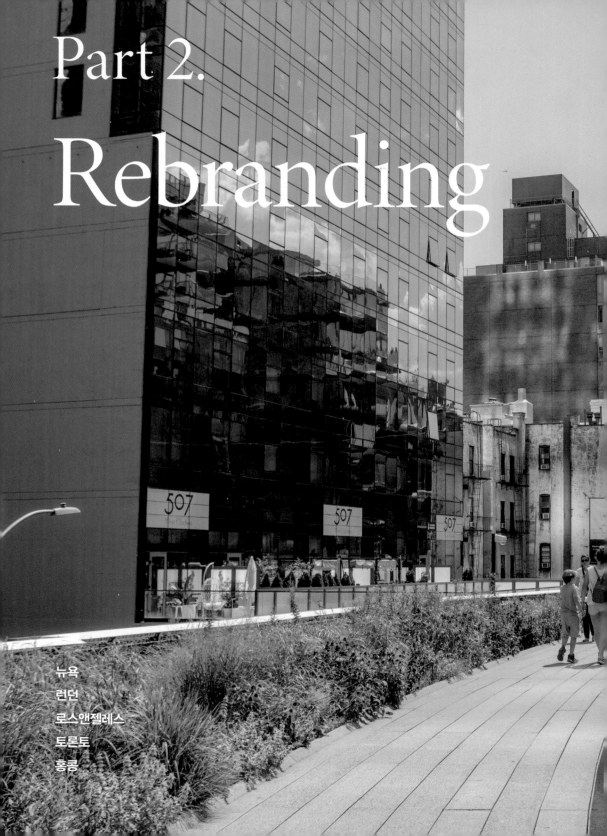

Part 2.
Rebranding

뉴욕
런던
로스앤젤레스
토론토
홍콩

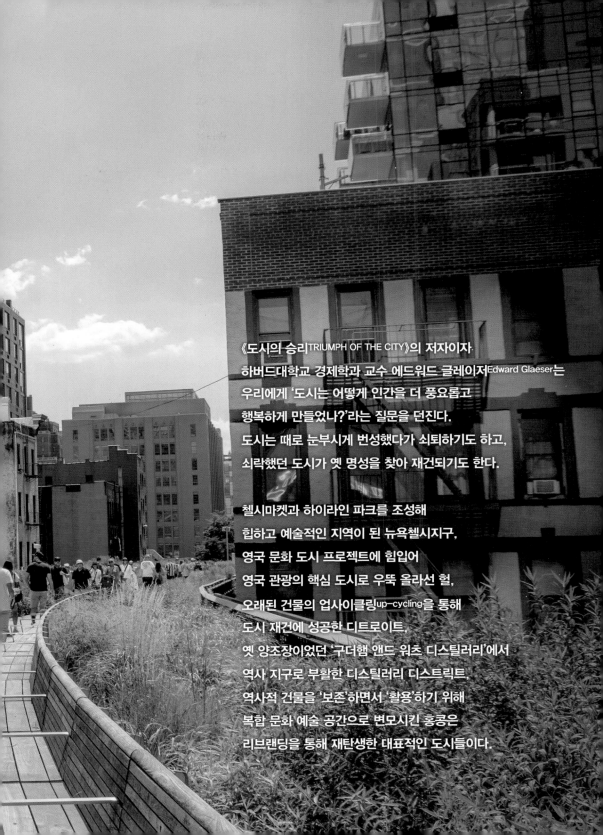

《도시의 승리TRIUMPH OF THE CITY》의 저자이자
하버드대학교 경제학과 교수 에드워드 글레이저Edward Glaeser는
우리에게 '도시는 어떻게 인간을 더 풍요롭고
행복하게 만들었나?'라는 질문을 던진다.
도시는 때로 눈부시게 번성했다가 쇠퇴하기도 하고,
쇠락했던 도시가 옛 명성을 찾아 재건되기도 한다.

첼시마켓과 하이라인 파크를 조성해
힙하고 예술적인 지역이 된 뉴욕첼시지구,
영국 문화 도시 프로젝트에 힘입어
영국 관광의 핵심 도시로 우뚝 올라선 헐,
오래된 건물의 업사이클링up-cycling을 통해
도시 재건에 성공한 디트로이트,
옛 양조장이었던 '구더햄 앤드 워츠 디스틸러리'에서
역사 지구로 부활한 디스틸러리 디스트릭트,
역사적 건물을 '보존'하면서 '활용'하기 위해
복합 문화 예술 공간으로 변모시킨 홍콩은
리브랜딩을 통해 재탄생한 대표적인 도시들이다.

화물열차가 다니던 고가 철도가
문화 공간으로 탈바꿈하다

미국
뉴욕 지사

도시 재생으로 다시 태어난
뉴욕 첼시마켓과 하이라인 파크

뉴욕을 배경으로 한 드라마 〈섹스 앤 더 시티〉는 오랜 시간이 흐른 지금
도 여전히 뉴욕행을 꿈꾸게 만든다. 《보그》지 객원 기자로 일하며 젊은 여성들의
사랑과 일상에 대한 다양한 에피소드가 담긴 칼럼을 쓰는 캐리, 영민하고 이성
적이며 똑 부러지는 변호사지만 사랑에는 영 서툰 미란다, 운명처럼 다가올 사
랑을 기다리는 귀엽고 사랑스러운 샬롯, 언제나 씩씩하고 과감한 성격에 도발적
인 사랑을 실천하는 홍보대행사 대표 사만다가 주인공이다. 뉴욕에서 일하는 네
친구들은 첼시 지구에 있는 사라베스 베이커리에서 브런치를 즐긴다.

네 주인공들처럼 멋을 낸 여성들이 브런치를 즐기는 낭만적인 이곳은 '잠
들지 않는 도시' 뉴욕의 대표적인 얼굴이라 해도 과언은 아닐 것이다. 미국에서
주로 아침, 점심으로 즐기는 에그 베네딕트를 먹으며 그녀들은 각자의 일과 사
랑에 대한 수다를 떤다. 드라마 속 이야기이기는 하지만 그녀들이 즐기는 뉴욕
의 라이프 스타일은 선망의 대상이 되고는 했다. 지금은 우리에게도 익숙해진
'브런치'나 '컵케이크'도 드라마의 영향이 컸다. 그녀들이 즐겨먹는 디저트는 매
그놀리아 베이커리Magnolia Bakery의 컵케이크다. 파스텔 색상의 컵케이크로 유명한
웨스트 빌리지West Village의 이 작은 빵집은 미란다와 캐리가 빵집 밖에서 간식을 먹
는 장면에 등장한다. 레드벨벳 컵케이크와 바나나 푸딩으로 유명한 디저트 가게

로 지금도 여전히 뉴욕을 여행하는 젊은 여인들의 버킷리스트이다.

드라마 속 인기 브런치 숍인 '사라베스 베이커리Sarabeth's Bakery'를 비롯해 안도 다다오가 디자인한 일식 레스토랑 '모리모토Morimoto', 유명 셰프 마리오 바탈리가 연 이탈리안 레스토랑 '델 포스토Del Posto' 등이 있는 첼시Chelse 지구는 음식 문화의 중심지이다. 음식 관련 프로그램을 제작하는 케이블 채널 '푸드 네트워크'도 이곳에 있다.

작은 공장과 창고가 즐비했던 첼시 지구는 1990년대 초반까지만 해도 소호에서 밀려난 예술가들의 스튜디오가 많았던 곳이다. 첼시마켓에서 조금 떨어진 미트 패킹 디스트릭트Meatpacking District는 원래 도축장과 육류 창고, 정육 공장 등이 모여 있던 곳이었지만 지금은 레스토랑, 바, 클럽, 패션숍 등으로 변했다. 가고시안, 글래드스톤, 페이스, 윈든스타인 등 글로벌 갤러리 외에도 250여 개의 화랑이 들어선 첼시 갤러리 디스트릭트는 세계 미술계를 이끌어 가고 있다.

첼시마켓Chelsea Market에는 신선한 과일과 생선, 고기, 치즈 등 다양한 식재료를 구할 수 있는 식료품 상점, 서점, 인테리어 소품 등을 파는 편집숍, 브런치를 즐길 수 있는 레스토랑, 카페, 갤러리들이 가득하다. 맨해튼 서쪽을 따라 미트 패킹 디스트릭트와 첼시를 통해 1.45마일(약 2.3km) 뻗어 있는 하이라인 파크The High Line는 뉴욕에서 가장 새롭고 혁신적인 녹지 공간 중 하나다. 야생화 등 500여

첼시마켓 입구

첼시마켓 입구   ©Beyond My Ken

첼시마켓   ©VillageHero from Ulm, Germany

종 이상의 식물과 나무들로 이루어진 그린 웨이로 뉴욕에서 가장 독특한 장소로 탈바꿈했다.

　　뉴욕은 여전히 무역과 엔터테인먼트, 관광 분야의 중심지이다. 도시 재생을 통해 뉴욕의 대표적인 관광 명소로 자리매김한 첼시마켓과 맨해튼의 서쪽 허드슨 강을 따라 과거 버려진 상업용 철도를 리모델링해 만든 공원인 하이라인 파크 덕분에 첼시 지구는 뉴욕에서 가장 힙하고 예술적인 지역들 중 하나로 손꼽힌다. 미국 역사 보존 지구로도 지정되어 있는 첼시마켓은 연간 600만 명의 국내외 방문객이 다녀간다.

과자공장 자리에 들어선 대형 식품매장, 첼시마켓

　　첼시마켓이 점유하고 있는 첼시는 오래전부터 음식의 중심지였다. 역사적으로는 사냥감과 작물을 거래했던 알곤킨Algonquin 인디언들로 거슬러 올라갈 수 있고, 하이라인에 열차가 운행되던 시절에는 물건을 팔던 정육점 주인들의 피난처이기도 했다. 첼시는 부두와 가까워 선박 운송에 유리해 햄, 소시지와 같은 미트 패킹 산업이 활발했던 공장지대가 되었다.

　　1890년에 완공된 첼시마켓 건물은 본래 오레오 과자를 생산하는 나비스코 비스킷 회사National Biscuit Company factory의 공장으로, 정육점에서 나오는 라드[1] 를 구하기 용이해 이곳에 공장이 설립되었다. 그러나 나비스코 비스킷 공장이 1958년 교외로 옮겨지면서 해당 건물은 버려지게 되었다. 이곳뿐만 아니라 가공 산업의 쇠퇴, 철도의 발달, 운송 산업의 변화로 인해 공장들로 붐볐던 첼시는 경기가 침체되고, 실업률도 높아졌다. 이후 버려진 공장 건물들로 인해 범죄율도 높아지면서 점차 슬럼화되었다.

　　1990년에 투자자 코헨Irwin B. Cohen이 오랫동안 방치되어 있던 나비스코 과자 공장을 매입했다. 1997년에 '재개발'이 아니라 본래 있었던 건물의 특색을 살리는 '도시 재생'으로 지금의 첼시마켓을 열었다. 철골이 그대로 드러난 천장과

---

1. 요리에 이용하기 위해 돼지 비계를 정제하여 하얗게 굳힌 것.

©Mark Johnson

첼시마켓

배관, 벽돌과 골조, 파이프, 엘리베이터 등 과자 공장의 옛 모습을 그대로 간직하고 있어 첼시마켓만의 독특한 감성을 느낄 수 있다. 지금 첼시마켓은 다양한 식료품을 판매하는 세계에서 내로라하는 큰 실내 식품 마켓 중 하나가 되었다.

이와 동시에 젊은 예술가들이 첼시의 폐건물을 스튜디오로 사용하면서 첼시마켓 근처는 여러 갤러리와 미술관이 모여 있는 예술 지역으로 바뀌었다. 첼시마켓에서는 비옷을 입은 소년 마스코트와 오레오 광고를 포함해 나비스코 벽화의 원본 일부를, 10번가로 통하는 복도에서는 오래된 고가 철도의 흑백 사진들이 포함된 첼시마켓의 과거와 현재의 기념품들도 살펴볼 수 있다. 과거 버려진 지역이었던 첼시는 도시 재생 과정을 거쳐 먹거리와 볼거리로 넘쳐나는 복합 문화 공간으로 재탄생되었다.

화물열차가 다니던 고가 철도에서 공원으로, 하이라인 파크

하이라인 파크는 첼시에 위치한 공공 공원이다. 뉴욕의 전망을 즐기며 정원을 산책할 수 있는 이곳은 매년 약 800만 명(2019년 기준)의 관광객들이 방문한다.

현재 많은 관광객이 찾는 하이라인 파크는 본래 화물 열차가 지나다니는 고가 철도였다. 1800년대 중반, 뉴욕 센트럴 철도가 운영하는 지상 화물 열차는 맨해튼의 남부 지역에 소고기, 유제품 등의 식품과 석탄 등을 운송했다.

그러나 잦은 인명 사고로 인해 1920년대에 선로를 높이기로 결정했다. 1933년에 건설된 첫 번째 열차는 하이라인에서 운행되어 수많은 육류, 유제품, 농산물을 33번가에서 14번가까지 운송했다. 1960년대부터 열차 이용이 감소하

하이라인 파크

©Dansnguyen

기 시작했고, 1980년대 초 열차 운행이 중단된 후 황폐해졌다. 고가 구조는 견고했지만 오랫동안 방치되었기 때문에 유지 관리가 필요했고, 심지어 철거까지 고려되었다.

토종식물과 야생화로 뒤덮인 선로를 본 조슈아 데이비드Joshua David와 로버트 해먼드Robert Hammond는 1999년 공공성을 살린 보존과 재사용을 위해 비영리보호단체인 '프렌즈 오브 더 하이라인Friends of the High Line'을 설립했다. 이들은 먼저 하이라인에 대한 논의를 불러일으키기 위해 공원 조성 계획이 구체적으로 수립되기 전에 하이라인 '아이디어 대회'를 개최했다.

이를 통해 하이라인을 공원으로 사용할 수 있는 방법으로 720건의 의견을 받았다. 이후 하이라인이 위치한 웨스트 첼시 특별구가 만들어졌다. CSX 교통이 뉴욕에 건물 소유권을 기부하고 4년 뒤, 첫 착공 후 3년 뒤인 2006년 4월에 하이라인의 첫 번째 구간이 시민들에게 개방되었다. 그 후 하이라인 아트(2009년 설립)는 매년 하이라인과 그 주변에 예술 작품을 의뢰하고 제작하고 있다. 하이라인은 이제 '하이라인 스타일 파크High Line-Style Park'로 다른 나라, 다른 도시에 좋은 본보기가 되고 있다.

하이라인 파크

하이라인 파크는 뉴욕의 공원 및 레크리에이션국과 '프렌즈 오브 더 하이라인Friends of the High Line'에서 운영하고 있다. 하이라인 파크는 다양한 공공 예술 프로그램, 공연, 예술 작품 설치, 커뮤니티와 청소년 참여로 예술과 공연의 본거지로 자리잡았다. 뉴요커들은 맨해튼 웨스트 엔드에 있는 1.45마일(약 2.3km) 길이의 버려진 화물 철도가 2009년 고가의 복합 문화 공원으로 탈바꿈했을 때 환영했다.

붐비는 11번가에서 지상 30피트(약 9m) 높이에 우뚝 솟은 하이라인 산책로에는 잔디, 다년생 식물, 나무, 덤불, 벤치, 라운지가 조화롭게 배치되어 친환경 조경건축을 자랑한다. 유지 관리, 운영 및 프로그래밍을 감독하는 '프렌즈 오브 더 하이라인'은 공원에 전시할 작품을 큐레이팅하고 있다. 전시회는 주기에 따라 교체되기 때문에 뉴욕 시민들은 다양한 예술 작품을 즐길 수 있다.

하이라인 아트High Line Art는 2019년 4월부터 2020년 3월까지 〈야외 사생파En plein air painting〉 전시를 개최했다. 19세기 미술사의 야외 회화 전통을 연상시키는 전시로 산업 혁명 이후 자연과 빛의 특성을 포착하는 인상파를 떠올릴 수 있다. 근대화 과정을 거쳐 쉼 없이 달려온 도시화와 자연에 대한 관계를 재정립하는 의미를 담았다.

가장 가난한 도시에서
문화적 영감을 주는 도시로 깨어나다

영국
런던 지사

영국 문화 도시 프로젝트를 통해
경제 부흥을 맞이한 헐

18세기 조지 왕조 시대의 건축물이 남아 있는 헐은 최근 들어 영국인들과 유럽 여행객들 사이에서 사랑받는 도시로 손꼽히고 있다. 특히 도시 주변의 '새로 포장된' 자갈길을 걷는 90분 워킹 투어는 헐을 천천히 여행하는 방법 중 하나다.

저인망 어선 박물관이 있는 아름답게 개조된 항구(이전의 험버 부두Humber Dock)에서부터 산책을 시작해 길을 걷다 보면 우아한 조지 왕조 건축물이 늘어선 구 시가지의 골목길이 나오고, 동네 식당과 퇴근 후 한잔 마실 수 있는 펍, 오래된 가게들, 크림색 전화박스가 관광객을 반긴다.

험버 스트리트Humber Street에서는 소규모 양조장, 아트 갤러리, 그래픽 디자이너들의 숍, 빈티지 가구점, 석공, 보석상과 디지털 미디어 센터 'C4Di', 미식가들이 사랑하는 트리니티Trinity 마켓을 만날 수 있다. 과일과 채소 시장이 있는 이 길은 임대료가 저렴하기 때문에 예술가들이 하나둘 모여들어 정착하기 시작했고, 힙하고 세련된 공간들이 들어서며 헐의 독특한 문화적 풍경을 만들고 있다. 험버 스트리트 문화 지구, 특히 대형 야외 무대가 있는 정박지 쪽에 위치한 벽화로 장식된 과일 시장은 이 도시의 매력을 충분히 느낄 수 있는 곳이다.

헐은 시인이 많이 배출된 곳이기도 하다. 호주 작가 피터 포터가 '영국에서 가장 시적인 도시'라고 묘사할 정도로 헐은 많은 작가들의 사랑을 받았다. 특히 T.S 엘리엇의 뒤를 이어 20세기 영국 최고의 시인이라 평가받는 필립 라킨 Philip Larkin은 자신의 고향인 헐을 무척 좋아해서, 〈Here〉를 비롯해 헐에 관한 시와 명언을 여럿 남겼다.

이렇게 역사와 예술, 낭만이 가득한 헐이 한때는 영국에서 가장 가난한 도시로 불릴 만큼 열악한 환경에 처해 있었다는 사실은 영국 사람들에게 새삼스러운 일이 아니다. '영국의 슬럼가' 로 불렸던 도시는 어떻게 손꼽히는 관광지로 변신할 수 있었을까.

북잉글랜드의 탈산업화 현상으로 바라보는 헐 시티의 역사

잉글랜드 북부에 위치한 헐은 한때 영국의 대표 항구 도시이자 산업화 도시였다. 제2차 세계대전 당시 두 번째 폭격을 받아 위기를 겪기도 했지만, 1970년대 이전까지만 해도 헐은 영국에서 세 번째로 큰 항구였다. 부둣가는 영국의 수입품과 수출품을 싣고 떠나는 배와 사람들로 늘 붐볐다.

©Adam Wyles

헐 문화 도시 라이트쇼

©Richard Croft

헐 정박지

그러나 탈산업화로 인해 잉글랜드 중부와 북부 여러 도시들의 전통 산업이 무너졌고 거주민들은 일자리를 잃었다. 해당 도시들의 경제 상황은 나날이 침체되어 런던을 중심으로 한 남부와의 경제 불평등은 더욱 심화되었다. 1인당 평균 소득을 비교했을 때 런던은 3만 파운드(약 4,700만 원), 남동부 지역은 2만 4,000 파운드(약 3,800만 원)인 것에 반해 잉글랜드 중부와 북부 대부분 지역들은 2만 파운드(약 3,200만 원)에 미치지 못했다. 그 결과 영국 인구의 3분의 1에 불과한 잉글랜드 남동부가 영국 경제 소득의 50%를 차지하게 되었다.

헐 또한 탈산업화로 수출이 줄어들자 경제 위기를 맞았고, 얼마 지나지 않아 북부 지역의 가장 가난한 도시로 전락하고 말았다. 취업률은 가장 낮았고 구직자 수당을 청구하는 사람들의 비율은 6.9%로 가장 높았다[1]. 여기에 낮은 창업 비율, 높은 범죄율로 더욱 고통받았다. 2003년 영국《아이들러》지는 헐을 '크랩 타운Crap Town'으로 명명하며 '헐, 지옥, 핼리팩스에서… 하느님 맙소사'[2] 라고 표현할 정도였다.

헐이 2017년 영국 문화 수도로 선정되었다는 소식을 들었을 때 많은 영국인들이 '헐이?'라며 의아해한 이유도 여기에 있을 것이다. 높은 인구 밀도와 낮은 소득으로 불황에 빠져 있던 헐은 모두의 우려와 달리 '영국에서 가장 가난한 도시'라는 이미지를 차근차근 탈피하기 시작했다.

---

1. 영국 전체 평균 비율은 3.0%.

2. "from Hull, from Hell, from Halifax… Good Lord."

영국 문화 도시 프로젝트

영국 문화 도시City of Culture는 2009년 영국 정부가 예술 및 관광 문화를 통해 지역 경제를 활성화하기 위해 추진한 도시재생 프로젝트로 도시를 선정해 관련 분야를 지원해 주는 사업이다. 문화 도시로 발탁된 지역은 BBC, 영국 영화위원회UK Film Council, 테이트모던 미술관, 영국관광공사 및 잉글랜드관광공사 등에서 주관하는 모든 문화 행사의 개최지로 지정되며 문화 관련 정부 주도 사업 및 파트너십 투자를 받을 수 있다. 2022년까지 총 4개의 도시가 영국 문화 도시로 선정되었다.

2017년 제2차 문화 도시를 선정할 당시 헐을 포함해 더비, 레스터, 플리머스, 스토크온트렌트, 스완지, 요크셔 등 많은 영국 도시들이 프로젝트에 지원했다. 그리고 마침내 최종 후보지 4곳 중 하나로 헐이 선정되었다.

2017 영국 문화 도시 프로젝트 선정을 기점으로 헐은 놀라운 경제 변화를 맞았다. 헐에서 시행된 도시재생 프로젝트와 다양한 프로그램 사례는 2만 번 이상 언론에 보도될 정도로 큰 반향을 일으켰다.

더딥 수족관

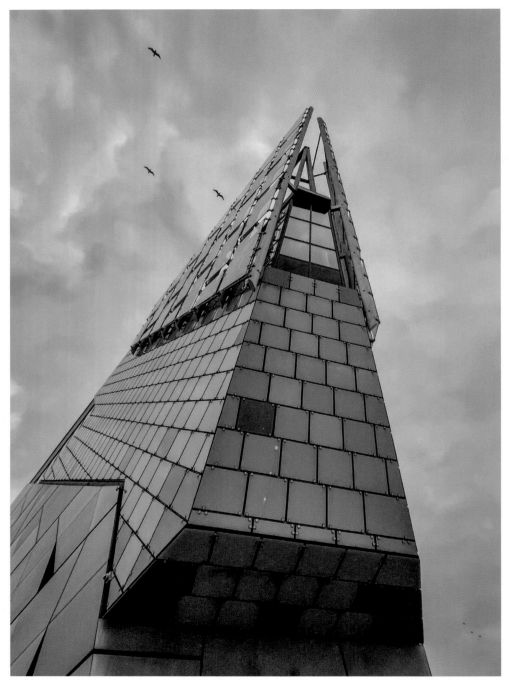

더딥 수족관

브린모어 존스 도서관

가장 가난한 도시 헐, 영국 문화 도시로 선정

헐은 영국 문화 도시 프로젝트를 통해 약 4년간 총 34억 파운드(약 5조 2,000억 원)의 민관 투자를 달성했다. 이 비용은 지역 문화 관광 행사 및 프로젝트 발굴 및 유치에 사용했다. 520만 파운드(약 82억 원)를 들여 2002년 개관한 '더딥The Deep' 수족관 보수 공사 및 홍보 마케팅을 진행했고, 페렌스 갤러리Ferens Gallery 보수 및 헐 과일 시장Hull Fruit Market 등 지역의 오래된 건물들을 개조해 시민들의 문화 활동과 소매상인들을 위해 편의 시설을 확대했다.

영국 문화 도시로 선정된 2017년 한 해 동안 헐은 800개 이상의 일자리 창출, 2,800여 개의 미술 전시, 문화 행사, 관광 프로그램들을 유치, 지역 방문 관광객 수 600만 명 이상을 기록하며 약 3억 파운드(약 4,800억 원) 상당의 경제적 부가가치를 창출했다. 지역 관광 사업자 수 또한 2012년 5,297명에서 2018년 7,529명으로 늘어났고, 문화 도시 선정 이후 지역 사업체 4곳 중 1곳은 새로운 직원을 신규 채용하는 등 열악했던 헐의 고용 시장도 활기를 되찾았다.

특히 해양 역사, 환경 기술, 보건, 3D 디스플레이 및 나노 기술 분야로 유명한 헐 대학교University of Hull 캠퍼스에 위치한 브린모어 존스 도서관Brynmor Jones Library의 연간 방문객 수는 전년 대비 785% 증가했다. 이런 다양한 사례는 도시재생 정책의 이상적인 성공 사례로 꼽히고 있다.

뿐만 아니라 헐은 80마일(약 128km)에 달하는 요크셔 월즈 웨이Yorkshire Wolds Way와 스펀 포인트Spurn Point 등 국립 자연탐방로의 매력을 갖고 있는 곳이다. 헐 바로 외곽의 헤슬Hessle에서 시작해 험버 브릿지Humber Bridge 아래를 지나 서쪽으로 달리며 보이는 우거진 숲과 양귀비가 핀 들판은 많은 여행객들을 설레게 하고, 헤브리디안 양과 롱혼 소를 방목하는 목장과 돌고래까지 찾아오는 스키 반도는 헐의 풍경을 더 아름답게 만든다. 이제 헐은 천연 자연과 문화가 어우러진 도시로도 평가받으며 제2의 르네상스를 맞고 있다.

관광 및 지역 시설 활성화를 위한 아낌없는 투자로 현재 헐은 영국 언론에서 인정하는 관광지로 급부상했다. 최근에는 영국 대표 신문사 《가디언》지에

헐 대학교 ©Ian Taylor

페렌스 갤러리

서 선정하는 '2021년 휴양/관광도시 10곳[3]'에 오르며 영국의 대표 관광지로 자리매김했다.

지역 관광 활성화 캠페인 '잇 머스트 비 헐' 진행

헐은 영국 문화 도시 프로젝트가 종료된 2017년 이후에도 관광 유치 사업과 관광 인프라 강화를 위해 다양한 사업을 지속적으로 추진하고 있다. 지역 호텔, 관광 명소와 협력하여 투숙 방문객을 대상으로 특별 식사 및 관광 프로그램을 제공하는 등 관광객을 불러들이기 위해 꾸준히 노력 중이다.

그 중 대표적인 사업으로 2021년에 런칭한 지역 관광 활성화 캠페인 '잇 머스트 비 헐It Must Be Hull'을 들 수 있다. 코로나19 팬데믹으로 인해 전 세계적으로 관광 산업이 위축되었으나, 헐 관광공사는 오히려 이를 기회로 삼아 새로운 관광 트렌드로 부상한 '시티 브레이크City Break' 및 '스테이케이션Staycation'를 이용해 캠페인을 기획했다.

잇 머스트 비 헐은 더 많은 영국인들이 헐을 관광 도시로 인지하고, 포스트 코로나 이후 헐을 방문하도록 만드는 것이 목표다. 이를 위해 다양하고 새로운 지역 문화, 관광 관련 콘텐츠를 제작해 라디오 및 온라인 플랫폼에서 선보이고 있다. 특히 클로드 모네 특별 전시, 2021년 럭비리그월드컵 경기 주최, 프리덤 페스티벌Freedom Festival 개막 등 특색 있는 관광 프로그램들을 활용한 콘텐츠는 사람들의 이목을 집중시키고 있다. 더불어 지역 관광 업계 홍보를 위한 해시태그 '#MustBeHull'을 공유하고, 유튜브 영상 등을 통해 많은 사람들이 헐을 방문할 수 있도록 적극 유도하고 있다.

---

3. 10 Great British city breaks for both culture and outdoor fun

● **프리덤 페스티벌**

헐이 오랫동안 예술가와 혁신가에게 영감을 주는 장소였다는 사실은 매년 9월 개최되는 프리덤 페스티벌Freedom Festival을 통해 느낄 수 있다.

프리덤 페스티벌은 영국의 대표적인 거리 예술 축제 중 하나로 '자유'라는 주제 아래 거리 예술과 문화를 음악, 무용, 시각적 예술을 활용해 표현하는 행사. 윌리엄 윌버포스William Wilberforce의 개혁주의 유산에서 영감을 받아 보편적 가치와 함께 만들고 싶은 미래에 대해 말할 수 있는 문화적 경험을 만들기 위해 노력한다. 현재 헐에서 일어나고 있는 문화적 르네상스에 영향을 미치고 있는 중요한 축제로서 큰 축을 담당하고 있다.

● **페렌스 갤러리, 〈클로드 모네〉 특별전**

문화 도시 선정으로 역대 가장 높은 방문자 수를 달성한 지역 미술관들도 지속적으로 유명 작가의 미술 작품 전시를 추진하는 등 전시 활동 확대를 통해 인기 관광 명소로서의 입지를 굳혀가는 중이다. 특히 520만 파운드(약 82억 원)의 보수 사업 투자를 받은 페렌스 갤러리Ferens Gallery는 2021년 5월 런던에 위치한 코털드Courtauld 갤러리와의 협력 하에 처음으로 프랑스 대표 인상주의 작가 클로드 모네Claude Monet의 대표작 4점을 성공적으로 전시했다.

지역 소멸 위기를 장인 정신과
업사이클링으로 극복하다

미국
로스앤젤레스 지사

위대한 파괴와 위대한 도시 재건,
디트로이트

©Visit Detroit

디트로이트 스카이라인

〈서칭 포 슈가맨Searching for Sugar Man〉은 아프리카공화국에 살고 있는 두 명의 열성 팬이 전설의 가수 '슈가맨'을 찾아가는 여정을 담은 다큐멘터리다. 그의 존재를 찾을 단서는 단 하나, 노래 가사뿐이다. 고향 미국에서는 존재감 제로, 반대편 남아프리카공화국에서는 영웅인 그의 이야기는 실화다.

1960년대 말, 마빈 게이, 스티비 원더 등 팝 역사상 최정상의 가수들을 발굴하고 기획해 낸 당대 최고의 프로듀서 데니스 코피와 마이크 시어도어는 우연히 들른 디트로이트의 술집 '하수관the sewer'에서 '슈가맨'을 만난다. 시적인 가사와 소울 가득한 멜로디로 노래를 부르는 이 무명 가수는 낮에는 노동을 하고 밤에는 노래를 부르는 멕시코계 미국인 식스토 로드리게스Sixto Rodriguez였다. 1970년 두 명의 프로듀서와 그 당시 서섹스 레코드의 소유주이자 마이클 잭슨, 마일스 데이비스, 자넷 잭슨 등 최고의 뮤지션들과 함께 일했던 클라렌스 아반트가 '슈가맨'의 첫 번째 음반 〈Cold Fact〉를 발매했다.

평단은 극찬했지만 판매는 6장에 그쳤다. 이듬해 발표한 두 번째 음반 〈Coming from Reality〉도 부진했다. '슈가맨'은 무대에서 끔찍한 사고로 죽었다는 소문만 남긴 채 사라져 버렸다. 이후 이 앨범은 누군가의 손에 의해 남아프리카공화국으로 흘러갔고, 〈Cold Fact〉의 불법 복제물이 50만 장 이상 팔리면서 플래티넘이 되었다. 강력하고 도발적인 목소리는 백인의 아파르트헤이트Apartheid[1] 반대 운동의 상징적인 노래로 쓰이게 되었다. 지구 반대편에서 부활한 노래들. 로드리게스는 이 사실을 몰랐다. 슈가맨의 열성팬이 미스터리로 남았던 로드리게스를 세상 밖으로 다시 불러냈다.

쇠락해 가는 도시로만 기억하고 있는 디트로이트는 마치 영화 〈서칭 포 슈가맨〉처럼 우리 앞에 새로운 존재감으로 다가오는 도시다. 새로운 밥 딜런으로 홍보했던 잃어버린 디트로이트 음악가 로드리게스의 존재 가치를 당시 미국인들이 미처 몰랐던 것처럼, 우리는 디트로이트를 얼마나 알고 있을까.

---

1. 남아프리카공화국의 인종분리 법과 정책

음악과 자동차의 도시 디트로이트의 도시 재건

미국 동부 미시간 주에 위치한 디트로이트는 이리^{Erie} 호수 서쪽 끝에 있는 대도시로 400만 명이 살고 있다. 수천 년간 아메리칸 원주민들의 삶의 터전이었던 디트로이트는 서쪽에는 시카고가 위치하고 동쪽에는 디트로이트 강을 끼고 있다. 캐나다와 미국이 만나는 국경에 위치한 탓에 미국 시민들이 가장 바쁘게 국경을 통과하는 모습을 볼 수 있는 곳이기도 하다. 과거 자동차 제조와 음악, 스포츠팀으로 명성을 떨치던 이 도시는 국내외 여행자들의 '여행 리스트'에 오르던 곳은 아니었다.

모타운 박물관

©Visit Detroit

©Visit Detroit

2022 디트로이트 오토쇼

디트로이트 지역에서 나고 자란 이들은 타지 사람들이 디트로이트를 범죄나 부패, 이주민 등 황폐한 도시로 알고 있는 점을 안타깝게 여겼다. 하지만 최근에는 이 선입견을 깨고 미식과 패션, 건축과 예술 도시로 새로운 매력을 발산하고 있다. 디트로이트는 〈서칭 포 슈가맨〉의 주인공 로드리게스처럼 유명한 음악가들을 많이 배출한 곳이다. 스티비 원더Stevie Wonder, 마빈 게이Marvin Gaye 등이 대표적이고 마이클 잭슨도 어릴 때 잭슨 파이브Jackson 5라는 밴드를 결성했다.

또한 모타운 음악과 테크노 음악이 이곳 디트로이트에서 시작되어, 유럽인들이 테크노 음악을 연주하러 오는 곳으로도 명성이 자자하다. 모타운 박물관Motown Museum을 방문하면 당시 유명 음악가들이 작업하던 녹음실이 그대로 보존되어 있다. 음악 도시라는 명성 외에도 포드, 크라이슬러, 제너럴모터스GM 등 미국 3대 자동차 회사가 있었던 곳으로서 자동차 제조 역사에 한 획을 그은 도시이기도 하다.

2013년 디트로이트는 180억 달러(약 23조 원)의 빚과 함께 파산을 겪으며 폐허 같은 도시가 되었다. 그러나 음악, 자동차 등 도시가 품고 있었던 다채로운 자산의 리브랜딩을 통해 지금은 혁신적인 관광 도시로 되살아나고 있다. 세계적 수준의 박물관과 믿을 수 없을 만큼 다양한 미식을 즐길 수 있는 레스토랑, 문화적으로 영감을 받은 바와 음악에 이르기까지 디트로이트는 지금 미국에서 가장 흥미로운 도시 중 하나다.

디트로이트 관광공사[Visit Detroit] 홍보팀장 크리스토퍼 모이어[Christopher Moyer]에 따르면 코로나가 확산되기 전인 2019년에는 1,900만 명, 2022년에는 약간 감소한 1,600~1,700만 명 정도의 관광객이 도시를 다녀갔다고 한다. 디트로이트는 약 10년이라는 짧은 시간 안에 어떻게 이 정도로 되살아날 수 있었을까.

업사이클링으로 재탄생한 호텔과 뮤지엄

캐딜락 엘도라도스, 크라이슬러, 임페리얼스 같은 대형차 위주였던 디트로이트 자동차 산업은 1970년대에 휘발유 가격이 오르면서 큰 타격을 받았다. 미니밴과 SUV 같은 혁신 제품으로 연명해 갔지만 미국인들의 대형차에 대한 관심이 식으면서 몰락하기 시작했다. 방대한 공장들과 강력한 노조들이 활동하던 산업 도시의 시대는 점점 저물어 갔다.

디트로이트는 쇠퇴해 가면서도 피플 무버 등 도시건축 프로젝트와 인프라 구축에 수십억 달러의 비용을 쏟아부었다. 그러나 산업화의 몰락과 정치적 실패가 몰고 온 가혹한 현실은 디트로이트 풍경을 암울하게 바꾸어 놓았다.

이러한 디트로이트 재건에는 자동차 산업도시와 방대한 건축 유산을 활용한 업사이클링[up-cycling]이 큰 몫을 했다. 업사이클링은 버려진 건물의 외벽이나 내부를 가능한 한 손대지 않고 새롭게 디자인해 예술적, 환경적 가치가 높은 공간으로 재활용하는 방식을 일컫는다. 디트로이트에는 업사이클링을 활용한 유명한 건물이 많지만 대표적인 사례는 디트로이트 파운데이션 호텔[Detroit Foundation Hotel]이다.

미국 시사주간지 《타임》지는 방문, 숙박, 레스토랑에 관련한 '2018년 세계 최고의 장소'로 케냐의 기린 장원 호텔[Giraffe Manor], 스웨덴의 트리하우스[Treehouse], 칠레의 에코캠프[EcoCamp], 그리고 미국의 디트로이트 파운데이션 호텔을 선정했다. 《타임》지는 디트로이트 파운데이션 호텔을 '디트로이트가 회복되고 있다는 증거'라고 설명하며 이를 확인하려면 사용하지 않은 오래된 소방서 본부가 어떻게 변화했는지 살펴봐야 한다고 말했다.

리모델링을 마친 후 2017년에 문을 연 디트로이트 파운데이션 호텔은 원래 1929년에 지어진 소방서 본부[Detroit Fire Department Headquarters] 건물이었다. 이 소

디트로이트 파운데이션 호텔

방서 본부와 함께 인접한 폰처트레인^{Pontchartrain} 와인 저장고 건물이 새로운 부티
크 호텔로 개조된 것이다. 역사를 보존하기 위해 두 건물 외관의 특성을 유지
한 채 복원과 수리를 거쳤다. 소방차를 상징하는 빨간 문은 복원해 재사용했고,
본부의 대리석 바닥, 타일, 장식용 테라코타 패널, 소방관의 흉상, 소화전 안의
그리핀^{griffin}, 'DFD'라고 쓴 소방관 테마를 자랑하는 장식용 테라코타 패널은 유
지했다. 세련된 인테리어와 역사가 묻어나는 외부 디자인 덕분에 이제 이곳은
디트로이트 시민들이 결혼식장으로 가장 먼저 떠올리는 핫한 호텔이 되었다.

업사이클링으로 새롭게 변모한 또 다른 공간은 2006년에 개장한 '디트
로이트 현대 미술관^{MOCAD:The Museum of Contemporary Art Detroit}'을 꼽을 수 있다. 이 미술관은

©Visit Detroit

©Visit Detroit

디트로이트 파운데이션 호텔

2만 2,000ft²(2,000m²) 규모의 자동차 대리점이었던 건물을 개조한 것이다. 원시적이고 유연하며 동굴 같은 공간을 갖춘 건물은 현대 미술 전시에 적합했다. 디트로이트 현대 미술관의 창립 이사인 미로Miro는 아이디어 실현을 돕기 위해 현대 미술 애호가 및 수집가로 구성된 소규모 그룹과 협력했다. 당시 디자이너는 미국에서 흔히 볼 수 있는 흰색 큐브 대신 건물이 진화하는 모습을 반영할 수 있는 구조를 설계해 지나간 흔적과 새로운 미래를 함께 떠올릴 수 있도록 했다.

대기업, 투자자와 함께 제조업 도시의 명맥을 잇다

디트로이트는 자동차 산업에 이어 시계회사 시놀라Shinola로 제조업의 명성을 이어가는 중이다. 오바마 전 대통령이 애용해 더욱 유명해진 시놀라는 미국 시계 제조업의 명맥을 이어가는 한편 지역 경제에도 큰 기여를 했다.

마지막 미국 시계 회사인 해밀턴은 1971년에 스위스 시계 제조업체에 인수되어 2003년 펜실베이니아에서 스위스로 이전했다. 부유한 기업가인 톰 카르소티스Tom Kartsotis는 미국 제조업에 여전히 미래가 있다고 믿고, 2011년 제조업 전통 도시인 디트로이트에 시계 회사를 설립했다. 현재 시놀라 시계는 니만 마커스Neiman Marcus, 블루밍데일즈Bloomingdales, 노드스트롬Nordstrom 등의 유명 백화점에서 판매 중이며, '모든 제품은 미국에서 제작 생산한다'는 원칙 아래 시계 외에도 맞춤형 자전거와 가죽 제품을 생산하고 있다. 4명으로 시작한 시놀라는 2017년에는 약 540명의 직원을 고용할 정도로 성장해 디트로이트 경제 발전에 큰 축을 담당하고 있다.

디트로이트 재건을 위해 시정부와 많은 경제 전문가들도 함께 했다. 그중 미국 프로 농구 NBA의 클리블랜드 캐벌리어스Cleveland Cavaliers의 소유자이자 억만장자 사업가인 댄 길버트Dan Gilbert 회장을 꼽을 수 있다. 미국 최대 모기지 대출업체 퀴큰 론즈Quicken Loans의 창업자이기도 한 그는 고향인 디트로이트를 활성화시키기 위해 본사를 디트로이트 다운타운으로 옮겼다. 본사 이동으로 인해 수만 명의 노동자가 디트로이트의 중심부로 함께 이주한 셈이다. 뿐만 아니라 도시 부흥을 위해 지난 10여 년간 부동산 회사인 베드록Bedrock Detroit을 통해 디트로이트 시내 약 100여 개의 빈 건물을 사들여 리모델링하고, 호텔과 고층 빌딩 신축을 제안했다.

디트로이트 사람들에게는 역경을 이겨 내는 힘이 내재되어 있다. 1701년 프랑스 식민지 개척자들에 의해 처음 발견된 이후 수많은 악재를 겪었으나 디트로이트는 그때마다 항상 극복해 왔다. 도시를 재건하기 위한 수많은 사람들의 노력 덕분에 이제 디트로이트는 물론 주변 외곽 지역까지 되살아나고 있다.

©Visit Detroit

헨리 포드 박물관

디트로이트에는 헨리 포드 박물관Henry Ford Museum이 있다. 이곳에서는 과거 자동차 산업의 역사를 엿볼 수 있을 뿐만 아니라, 현재 진행 중인 혁신적인 기술을 통해 자동차 산업의 미래도 내다볼 수 있다. 그 중 하나가 바로 '무선 충전 도로 시스템'이다.

미시건 에비뉴는 1800년대에 처음 벽돌로 지어진 도로다. 시정부와 포드Ford는 이 도로를 활용해 미국 최초 '무선 충전 도로 시스템'을 짓는 중이다. 1마일(약 1.61km) 길이의 도로가 개방되어 있으며, 전기 자동차는 주행 중 도로 위에서 실시간 충전이 가능하다.

©Visit Detroit

피플 무버 전차

빅토리아풍 양조장에서
현대 예술 문화 공간으로

캐나다
토론토 지사

관광 문화 유적지로 재탄생한
디스틸러리 디스트릭트

스페인 프라도미술관에 있는 디에고 벨라스케스의 그림 〈술꾼들(바쿠스의 승리)〉은 농부들과 함께 술판을 벌이는 술의 신, 디오니소스(바쿠스)가 등장한다. 디오니소스는 술의 신이자 기쁨과 광란의 신, 풍요와 다산의 신이기도 하다. 그리스로마 신화에 등장하는 디오니소스는 제우스와 인간인 세멜레 사이에서 태어났다. 그는 실레노스에게서 포도 재배법과 와인 제조법을 배운다. 많은 화가들이 디오니소스를 축제를 즐기는, 광기에 찬, 병든 모습 등 다양한 면으로 묘사했다. 그중 벨라스케스의 그림 〈술꾼들〉은 현대 사회 우리들이 축제를 즐기는 모습을 가감없이 보여준다. 진정한 바쿠스의 승리라고 볼 수 있다.

캐나다 토론토 남부의 관광 문화 유적지 디스틸러리 디스트릭트^{Distillery District}는 붉은색의 빅토리아 시대 건축물 40동과 10개 거리로 구성된, 빅토리아 시대 산업 건축물이 북미에서 가장 많이 밀집해 있는 관광 명소다. 1832년부터 1990년까지 158년간 운영된 옛 양조장 구더햄 앤드 워츠 디스틸러리^{Gooderham & Worts Distillery}를 리모델링해 관광지로 재탄생시켰다. 80여 개의 상점, 부티크, 갤러리, 스튜디오, 레스토랑, 카페, 극장이 갖춰진 문화 지구로 현지인과 관광객 모두에게 인기가 있다. 디오니소스가 이곳에 내려온다면, 얼마나 행복해할까. 상상하는 것만으로도 즐거운 곳이다.

빅토리아풍 건축 디스틸러리의 재탄생

디스틸러리 역사 지구The Distillery Historic District는 토론토의 초기 역사를 품고 있는 귀중한 곳이다. 영국에서 캐나다로 이민 온 제임스 워츠James Worts와 윌리엄 구더햄William Gooderham이 1832년 토론토 온타리오 호 연안에 20m² 높이의 벽돌 풍차를 세우고 밀가루 제조업체인 '구더햄 앤드 워츠Gooderham & Worts'를 설립했다. 그리고 부둣가라는 입지 조건을 활용해 1837년 남은 곡물로 위스키 제조업(디스틸러리)으로 사업을 확장했다.

1859년에는 밀가루 제조와 양조장 건물로 '더 스톤 밀 앤드 디스틸러리The Stone Mill & Distillery'을 짓기 시작해 1870년 봄까지 가동한다. 한때 이 양조장은 세계에서 가장 큰 규모를 자랑했다. 이후 '밀 앤드 체리Mill and Cherry' 거리를 따라 술 저장소 건물들이 추가로 신축되었고, 1895년 빅토리아 시대 마지막 건물인 소방 펌프 하우스가 트리니티Trinity 거리의 남쪽에 지어졌다. 1880년대에는 캐나다 몬트리올, 핼리팩스, 미국 뉴욕, 아르헨티나 부에노스아이레스 등 북미와 남미에 위스키를

구더햄 앤드 워츠

구더햄 앤드 워츠

구더햄 앤드 워츠

수출했다. 제1차 세계대전과 금주령으로 인해 증류주 생산이 중단되면서 사업이 기울기 시작해 매각과 합병을 거치다가 1957년에 구더햄 앤드 워츠의 라이스 위스키 생산을 멈췄다. 럼은 1990년에 공식적으로 문을 닫을 때까지 153년 동안 계속 생산 되었다.

1990년대에 디스틸러리는 캐나다와 할리우드의 인기 있는 영화 촬영지였다. 이곳에서 촬영한 영화는 〈시카고〉, 〈엑스맨〉을 비롯해 1,700여 편이 넘는다. 2001년 시티스케이프 홀딩스Cityscape Holdings는 증류소를 인수해 '예술, 문화, 엔터테인먼트' 유산을 보존하기 위한 복원 프로젝트를 추진했다. 2001년에는 새로운 예술, 문화, 엔터테인먼트를 위해 이 역사 지구 전체를 인수했고, 2년 정도 리모델링을 거쳐 '디스틸러리 디스트릭트'라는 이름으로 2003년 대중에게 개방했다.

거대한 풍차는 오래전에 사라졌지만 1859년에서 1895년 사이에 지은 빅토리아 시대의 독특하고 개성 있는 건축물은 대부분 그대로 보존되었다. '빅토리안 양식'은 영국이 제국주의로 전 세계를 제패하던 '빅토리아 여왕'의 통치 기간(1837~1901) 동안 유행한 건축 양식을 일컫는다. 본래 1740년대 영국에서부터 시작된 건축 양식으로 복고양식, 신고딕 양식neo-Gothic으로 불렸는데 19세기 초반부터 급격하게 인기를 얻었다. 당시 건축가들은 기존의 건축 양식인 신고전주의 건축과는 대조적인 중세 양식의 복구를 추구했다. 디스틸러리 디스트릭트에서 이러한 특징이 잘 반영된 양조장의 지붕, 장식용 돔, 굴뚝, 난간 등 옛 모습을 간직한 개성 강하고 희귀한 스카이라인을 따라가다 보면 마치 100여 년 전 과거로 돌아간 것 같은 기분이 든다.

디스틸러리 디스트릭트는 대대적인 리노베이션보다 '양조장'이었던 정체성을 담은 공간으로 꾸며졌다. 양조장 시절의 역사를 기억할 수 있는 사진과 기계를 그대로 두었고 역사를 담은 뮤지엄, 직접 생산한 유기농 맥주를 체험할 수 시음 공간, 와인 랙Wine Rack(와인 보관대)에서 와인을 직접 고를 수 있는 와인 숍 등 양조장의 매력을 그대로 간직하고 있다. 양조장 지구는 건물 디자인, 장인 정신, 재료와 색상들이 조화롭게 정렬된 공간으로 걷는 것만으로도 흥미로운 시간을 보낼 수 있다.

1976년 4월 14일 디스틸러리 디스트릭트는 건축 시기와 형태, 규모, 보전 상태 등 역사적 가치를 인정받아 역사 지구로 지정되었다. 역사 지구로 지정된 후 '온타리오 문화유산법"에 따라 보호를 받았다. 시티스케이프 홀딩스는 디스틸러리 디스트릭트에 관리 사무소를 설립해 마케팅, 미디어, 야외 이벤트, 임대, 판촉, 후원, 예약 등을 관리 중이다.

디스틸러리 디스트릭트에는 현대 미술 작품이 설치되어 있다. 마이클 크리스찬이 만든 12m 높이의 거미 모양 조각상 〈IT〉, 공동체의 다양성에 영감을 받아 만든 강철 조각품 〈Symbolic Peace〉, 미 조각가 데니스 오펜하임^{Dennis Oppenheim}의 굴뚝 모양 구조물 〈Still Dancing〉, 굵은 대문자(LOVE)와 하트를 수백 개 자물쇠로 장식한 설치물 〈Love Locks〉, 강철로 만든 〈Big Heart〉 등 디스트릭트를 예술의 거리로 만든 작품들을 만날 수 있다.

---

1. Ontario Heritage Act Designation–Park 4 National Historic Site

스틸 댄싱

러브 락스

윈터 빌리지와 토론토 불빛 축제

매년 개최되는 큰 이벤트 중 하나는 윈터 빌리지^{The Distillery Winter Village}다. 트리니티 스퀘어에 있는 50ft(약 15.24m) 높이의 화이트 스프루스 트리에 불이 들어오면 크리스마스 시즌이 시작된다. 크리스챤 디올 퍼퓸이 디자인한 400개의 맞춤형 미드나잇 블루 장식품, 1,700개의 눈부신 무광 골드 볼, 7만 개의 반짝이는 조명 등 매년 달라지는 트리 장식은 시민들 사이에서 단연 화제다.

윈터 빌리지는 11월 중순부터 12월 말까지 진행되는데 가족, 친구, 연인 등 겨울을 즐기기 위해 디스틸러리 디스트릭트를 찾아온 다양한 사람들이 크리스마스 분위기를 느끼며 레스토랑과 카페에서 식사를 하고 토론토 출신 공예가의 작품과 지역 상점에서 판매하는 기념 상품을 구매하고는 한다.

코로나19 팬데믹 이전에 MZ세대를 열광하게 한 디스틸러리 최고의 이벤트는 토론토 불빛 축제^{Toronto Light Festival}다. 매년 겨울 디스틸러리 구역 건물 곳곳에는 빈틈없이 이어져 있는 색색의 전구들이 길을 밝힌다. 이러한 조명 연출은 부지 전체에 있는 나무를 다양한 색상으로 물들이는 효과를 주며, 무스^{Moose}, 여우, 곰 등의 북극권 캐나다에서 볼 수 있는 동물이나 페가수스와 같은 전설의 동물을 표현하기도 한다.

토론토 불빛 축제 기간에는 디스틸러리 전체가 젊은이들이 즐길 수 있는 축제의 장으로 변신한다. 여러 갤러리에서는 다채로운 전시회가 열리고, 국제적인 예술가들의 활동이 활발하게 이루어진다. 수천 개의 불빛과 어우러진 라이브 엔터테인먼트는 유난히 길고 음울한 캐나다의 겨울을 따뜻하게 감싸준다.

디스틸러리 디스트릭트는 일 년 내내 방문객들로 북적이는 곳이지만 특히 유럽 스타일의 크리스마스 마켓을 보기 위해서 관광 비수기라 할 수 있는 겨울철에도 많은 사람의 발길이 끊이지 않는다. 이곳에서는 유럽 거리나 파티오의 낭만적인 분위기와 뉴욕의 소호와 첼시마켓처럼 힙하고 역동적인 분위기를 동시에 느낄 수 있다.

Tip **특색 있는 쇼핑 거리**

디스틸러리 디스트릭트에는 캐나다의 유명 의류 브랜드인 루츠^{Roots}부터 자체 제작한 가죽 신발, 비건 기초 화장품, 인테리어 가구 및 비즈 팔찌 등 소품들을 파는 잡화점, 지역 기념품 가게, 인디레이블까지 남녀노소를 불문하고 모두가 즐길 수 있는 상점들이 가득 차 있다.
입구 우측에 위치한 스피릿 오브 요크^{Spirit of York}는 다양한 술을 마셔 볼 수 있는 바^{bar}로, 이곳에서 제조한 위스키는 캐나다 주류 소매업에서도 구매할 수 있다. 이외에도 피자, 해산물 등 각종 레스토랑과 커피, 타르트, 초콜릿 등 다양한 디저트를 파는 카페가 즐비해 전 세계에서 찾아오는 다양한 방문객의 미식 기호를 충족시켜 주고 있다.

스피릿 오브 요크

낭만의 도시 홍콩, 도시 재생으로
영화 속 그 거리를 다시 만나다

중국
홍콩 지사

홍콩 PMQ와 타이퀀, 도심의 오래된
건물을 복합 문화 예술 공간으로 재생

"기억이 통조림에 들어 있다면 유통 기한이 없기를 바란다. 만일 유통 기한을 정해야 한다면 만 년으로 해야지." 이 대사는 왕가위 감독의 영화 〈중경삼림〉 속에 나오는 경찰 223의 독백이다. 만우절에 이별 통보를 받은 그는 거짓말이기를 바라며 단골 식당 미드나잇 익스프레스를 찾았다가 금발머리의 마약 밀매상을 만난다. 이날은 5월 1일로 경찰 223의 생일이자, 연인 메이와 헤어진 지 한 달이 되는 날이었다. 단골 식당에서 헤어진 연인을 기다리며 5월 1일이 유통 기한인 파인애플 통조림을 30일 동안 사 모으는 중이다.

"그녀가 떠난 후 이 방의 모든 것들이 슬퍼한다"고 말하는 또 다른 경찰 663이 있다. 그는 여자 친구가 남긴 이별 편지를 외면하는 중이다. 한편 편지 속에 담긴 그의 아파트 열쇠를 손에 쥔 단골집 점원 페이는 663을 짝사랑한다.

영화 〈중경삼림〉이 촬영되던 당시 막 운행을 시작했던 영화 배경지인 미드레벨 에스컬레이터Central-Mid-Levels Escalators는 홍콩하면 떠오르는 상징적인 장소이다. 실제 센트럴 할리우드 로드 골목에 자리잡은 바Bar에는 언제나 다양한 국적의 여행객들이 한낮에도 맥주를 즐긴다. 카페나 바에 앉아 있으면 금발머리에 레인코드를 입고, 선글라스를 끼고 걸어가는 〈중경삼림〉 영화 속 임청하를 만날 것만 같은, 평소 짝사랑하는 왕조위의 집을 미드레벨 에스컬레이터에서 몰래 훔

쳐보는 페이를 만날 것 같은 설레임을 느낀다. 이렇듯 우연히, 혹은 필연적으로 엮인 네 사람이 만들어 내는 로맨스를 따라가다 보면, 홍콩은 단순한 영화 속 배경지가 아니라 영화 그 자체임을 느끼게 된다. 홍콩 영화 마니아로 잘 알려진 주성철 영화 평론가의 홍콩 여행서 《헤어진 이들은 홍콩에서 다시 만난다》라는 책 제목은 홍콩을 설명할 수 있는 가장 낭만적인 방식임에 틀림없다.

지난해 〈중경삼림〉 리마스터링이 상영되면서 미드레벨 에스컬레이터가 있는 '할리우드 로드Hollywood road'가 재소환되었다. 홍콩 마니아라면 언제나 이곳이 홍콩 여행의 출발점이라는 사실을 알 것이다.

할리우드 로드는 센트럴 란콰이펑의 노호NoHo와 소호SoHo, 성완의 동쪽 끝자락인 포호Poho를 잇는 홍콩의 대표적인 거리다. 센트럴과 성완은 홍콩 근대사가 시작된 곳으로 이곳에서 영국 해군기가 공식적으로 처음 게양되었다. 1840년대 중국 본토에서 이주한 중국인들이 정착했던 소호의 타이핑샨 스트리트는 홍콩에서 가장 오래된 거리이기도 하다.

포호의 골동품 거리에는 만모 사원, 각국의 갤러리와 레스토랑, 바 등 볼거리가 풍부하다. 특히 최근에는 옛 홍콩 경찰숙소를 2014년 도시재생 사업의 일환으로 재탄생시킨 복합 문화 공간 PMQ가 새로운 랜드마크로 떠올랐다. 과거의 모습을 간직한 PMQ를 돌아보며 '〈중경삼림〉 속 남자 주인공들도 이 홍콩 경찰숙소에 머물렀던 건 아닐까'라는 상상의 나래를 펼쳐본다.

홍콩 경찰숙소, 복합 문화 공간으로 재탄생

복합 문화 공간 PMQPolice Married Quarters는 1889년 설립된 중앙학교The Central School 부지 안에 자리잡고 있다. 중앙학교는 서양식 초등 및 중등교육을 실시했던 곳이었으나 반세기가 넘는 세월이 지난 후 경찰숙소로 변모했다.

2010년 11월 홍콩 정부는 도시재생 사업의 일환으로 센트럴의 오래된 경찰숙소를 재건축하지 않고 창조 산업 용도 부지로 보존할 계획을 발표했다. 이에 머스킷티어 재단Musketeers Foundation[1]은 PMQ 리모델링 오픈 및 운영을 위한 특

---

1. Musketeers Education and Culture Charitable Foundation Limited

수목적 비영리 회사로 10년간의 임대 계약을 체결했다. 홍콩 정부 측이 필수 구조와 건축 서비스 사업비를 지원하고 운영자인 머스킷티어 재단은 그 외 개조와 실내장식을 위한 비용, 부지 관리, 운영 및 유지 관리 비용을 책임지는 구조로 사업이 시작되었다. 리모델링 비용은 HK 5억 7,700만 달러(약 930억 원)였다. 그리고 마침내 2014년 복합 문화 공간 PMQ가 문을 열었다.

현재 PMQ는 젊은 아티스트와 디자이너들의 예술 창작과 커뮤니티 공간으로 활용되고 있다. 아티스트 전시 공간과 공예가와 디자이너들이 직접 만든 물건을 직접 팔 수 있는 공방이 입주해 있고, 체험 프로그램 등을 통해 관람객들과 직접 소통하고 있다. 이외에도 패션, 라이프스타일, 인테리어 디자인, 뷰티를 아우르는 다양한 숍들을 만나 볼 수 있다. 또한 PMQ에서 작업하는 젊은 예술가들은 PMQ 광장에서 시민들과 함께 호흡할 수 있는 공연을 열거나 마켓 등을 운영한다. 홍콩 정부의 발표에 의하면 PMQ는 오픈 이후 2022년 6월까지 2,000만 명의 관광객들이 방문했다.

전 홍콩 행정장관이자 과거 개발부장관으로 PMQ 리모델링 사업의 담당자이기도 했던 캐리 람은 PMQ의 의의에 대해서 이렇게 말한 바 있다.

"유산 보존은 고품격 도시의 핵심 구성 요소입니다. (중략) PMQ, 타이퀀, 센트럴 마켓Central Market은 활기 넘치는 도시에서 문화 예술의 랜드마크가 되고 있으며, 홍콩의 독특한 역사와 다양한 문화를 보여주며 지역민과 방문객 모두에게 환영을 받고 있습니다. 나는 홍콩을 '생활'과 '여행' 측면에서 더 나은 세계적 도시로 만들기 위해서 '보존과 개발'이 공존하는 방식을 채택하고 있습니다."

홍콩의 성공적인 도시재생 프로젝트, 역사와 현대 예술이 공존하는 타이퀀

비영리 예술 공간이자 예술 센터인 타이퀀Tai Kwun은 영국 식민 시대의 유산인 경찰서, 행정관, 감옥이 있던 공간에 조성되었다. 상업 중심지에 있는 근대 유산 건물 중앙경찰서, 중앙치안법원, 빅토리아 교도소는 홍콩에 남아 있는 중요한 역사적 기념물들이다. 2006년 빅토리아 교도소가 해체된 후 전체 건물을 비우고 보니, 개방된 부지와 건물들이 전체적으로 'ㄷ'자 형태를 띠는 독특한 구조로 남게 되었다. 인구 밀도가 높은 도시인 홍콩에서는 보기 드문 '안뜰'이 생긴 셈이었다.

홍콩 경찰숙소 PMQ

홍콩 정부는 1864년에 건립된 홍콩 중앙경찰서Central Police Station 건물을 '보존'하면서 동시에 '활용'하기 위해 홍콩경마클럽Hong Kong Jockey Club과 손잡고 2011년부터 2018년까지 공동 도시재생 프로젝트를 진행했다. 타이퀸은 광둥어로 '큰 역'이라는 뜻인데 옛 홍콩 사람들이 홍콩 중앙경찰서와 주변 건물을 지칭하기 위해 별칭처럼 사용한 것이 건축물의 공식적인 이름이 되었다. 타이퀸 리모델링 비용으로는 총 HK 37억 달러(약 5,969억 원)가 사용되었으며 운영 첫해인 2018년에만 약 340만 명이 방문했고, 2022년 9월까지 총 1,000만 명이 방문했다.

타이퀸을 방문한 사람들은 19세기 후반 홍콩의 아름다운 건축 유산을 통해 홍콩 역사를 경험할 수 있다. 타이퀸은 크게 16개의 문화유산 건축물과 세계적인 스위스 건축가 듀오인 헤르조그 앤 드뫼롱Herzog & de Meuron이 설계한 'JC 컨템포러리JC Contemporary'와 'JC 큐브JC Cube'가 함께 어우러져 있다. 야외 공간에는 퍼레이드 그라운드, 교도소 야드, 세탁소 계단 등이 있다.

타이퀸

도시재생 프로젝트를 통해 새롭게 태어난 타이퀀은 유네스코 지정 2019 아시아 태평양 지역 문화유산 보존부문 우수상[2], 2021년 영국왕립건축가협회 건축상[3]을 수상했다. 이외에도 성공한 도시재생 프로젝트로서 다양한 기관 및 단체에서의 수상 기록을 보유하고 있다. 미국《타임》지는 타이퀀을 세계에서 가장 위대한 건축 100선[4]에 선정하기도 했다.

---

2. Award of Excellence, UNESCO Asia–Pacific Awards for Cultural Heritage Conservation, 2019
3. RIBA International Awards for Excellence, The Royal Institute of British Architects, 2021
4. One of the World's 100 Greatest Places, 2018

타이퀀

타이퀀에서 가장 인기 있는 장소는 수천 명의 사람을 투옥했던 비좁은 빅토리아 감옥이며, 세탁소 계단은 SNS 인증샷 명소다. JC 컨템포러리에서 열리는 문화 예술 전시회는 데이트 코스이기도 하다. 이처럼 타이퀀에서는 역사 체험은 물론이고 시각 예술 전시회, 연극 공연 등을 다양하게 즐길 수 있다. 퇴근 후 평일 저녁이나 주말 오후에 타이퀀에 위치한 바와 레스토랑을 방문하면 다양한 국적의 방문객들이 홍콩의 아름다운 건축물을 바라보며 음식을 즐기는 모습을 볼 수 있다.

Tip JC 컨템포러리

유명한 스위스 건축가 헤르조그 앤 드뫼롱Herzog & de Meuron이 건축한 JC 컨템포러리JC Contemporary는 옛 중앙경찰서 건물에 위치해 있다. JC 컨템포러리에서는 관람객들이 현대 예술에 더 가깝게 다가갈 수 있도록 '타이퀀 아트 에프터 아워즈Tai Kwun Art After Hours'와 '패밀리 데이Family Day' 같은 이벤트와 상영회가 개최된다. 이외에도 워크숍 프로그램으로 홍콩 및 아시아의 3학년 학생들을 대상으로 하는 연례 세미나 및 강의 시리즈 '섬머 인스티튜트Summer Institute'를 진행하고 있다. 예술을 선보이는 연례 아트북 축제인 '홍콩 아트북 페어Booked: Hong Kong Art Book Fair'도 눈여겨볼 프로그램이다. 북페어에서는 예술가의 책, 사진집, 이론과 비평, 실험적인 글쓰기, 예술 잡지 등을 볼 수 있다.

Part 3
Sustainable

오래된 역사와 전통에 현대적 문화를 더해 관광의 효용을 높인 '가치의 재발견',
사라져 가는 생활 방식을 체험하며 서로를 이해하고 함께 지켜가는 '참여의 재발견'.
어쩌면 지속 가능하다는 것은 새로운 무언가를 만드는 것이 아니라
익숙한 것들을 낯설게 바라보고 다르게 생각하는 것만으로도 가능한 것은 아닐까?

사양 산업인 진주잡이를 체험형 관광 상품으로 재탄생시킨 수와이디, 공동 부유 정책과
생태관광으로 모두가 잘사는 마을을 꿈꾸는 저우산, 식민 시대의 유산을 역사 마을의 보물로
바꾼 비간, 실크로드의 영광을 재현한 투르키스탄의 복합 문화 관광 단지 케루엔 사라이,
일본 청주의 품격을 높여 관광 거리를 조성한 사카구라 거리, 오래된 물류 창고에서
야간 관광 명소로 변신한 클락키, 깨끗한 호수와 유목민의 삶을 자연 그대로 지켜주는 홉스골,
잃어버린 폭포를 복구해 복합 휴양지로 거듭난 백수채, 평화로운 대자연을 만끽하는
알타이의 그린 투어리즘, 동굴 탐험과 가상현실 체험 등 남다른 관광 개발로 새로운 일자리를
창출해 낸 하노이까지 지속 가능한 관광 개발을 꿈꾸는 도시들을 만나본다.

전통 가치의 재발견 진주잡이,
해양 관광의 중심이 되다

아랍에미리트
두바이 지사

진주 채취로 관광지가 된
아랍에미리트 수와이디 마을

©Suwaidi Pearls

진주잡이 배

자연이 선물한 보석, 진주. 그리스에서는 번개가 바다로 들어갈 때만 진주가 만들어진다는 전설이 전해지고, 중국인들은 진주를 '감추어진 영혼'이라 불렀다. 클레오파트라가 녹여 마셨다는 진주 귀걸이가 아니더라도 독특하고 신비로운 탄생부터 유일하게 가공되지 않는 바다의 보석이기에 동서고금을 막론하고 매우 귀한 보석으로 여겨져 왔다.

그러나 이토록 귀한 진주를 얻기 위해서는 험난한 과정을 거쳐야 했다. 조개잡이들이 생명의 위협에도 불구하고 깊은 바다에 들어가 진주조개를 하나하나 채취했다. 이렇게 숱한 위험을 감수해야 하기 때문에 진주를 얻는 일은 전문 조개잡이들의 생업이었으며, 허가를 받지 않은 이들은 바다에 함부로 들어갈 수도 없었다.

그러나 이제 중동의 보석이라 불리는 아랍에미리트(이하 UAE)에서는 누구나 원한다면 직접 조개를 잡아 진주를 채취할 수 있다. 첨단 로봇이 모든 것을 대신하는 이 시대에 바다에 들어가 진주를 얻어 내는 아날로그 체험 여행으로서 말이다. 내 손으로 직접 얻어낸 작은 진주 한 알의 가치가 잊혀져 가던 UAE의 조개잡이업을 새롭게 부흥시키며, 체험객들을 불러모으고 있다. 수고로움의 가치, 잊혀진 전통의 가치를 재발견하는 놀라운 현장, 시대를 거슬러 관광으로 재조명받는 UAE의 진주잡이, 그 어제와 오늘을 살펴본다.

진주로드를 따라 번성한 UAE 진주 산업의 황금시대

'사막의 기적'을 일으킨 주역, UAE에는 하늘을 찌를 듯 솟아오른 고층 빌딩, 광활한 사막, 에메랄드빛 바다, 그리고 이슬람 전통과 교역의 중심지로서 글로벌 문화가 공존한다. 사실 아부다비Abu Dhabi, 두바이Dubai, 샤르자Sharjah, 라스 알 카이마Ras Al Khaimah, 아즈만Ajman, 움알퀜Umm Al Quwain, 푸자이라Fujairah 등 7개 토후국 연합국가 UAE로 출범한 지는 불과 50여 년의 역사에 지나지 않는다.

하지만 이미 오랜 세월 전부터 각 토후국의 원주민들은 이 땅에 터를 잡고 있었다. 원주민들은 실크로드를 통한 중개 무역을 하는 사막 유목 부족과 아라비아만을 따라 터를 잡고 물고기잡이, 진주잡이 등으로 생계를 꾸려 가는 어업 부족들로 구성되었다. 그중에서도 이미 7,000년 전부터 아부다비 등 현 UAE

지역에서 진주가 채집되었으며, 1100년대에 라스 알 카이마가 진주 산업으로 호황을 누리던 교역 중심지였다는 기록 등이 남아 있다.

이처럼 진주는 13세기부터 20세기까지 아라비아 지역민들의 주 수입원으로 큰 역할을 해왔다. 호황을 누리는 진주 산업으로 인해 많은 진주 잠수부들과 그 가족들이 두바이와 아부다비 같은 해안 마을로 이주하게 되었고, 지금의 UAE를 대표하는 대도시가 조성되는 기반이 되었다. 두바이 박물관 야외 전시장에도 옛 진주잡이에 사용되었던 배가 전시되어 있으며, 실내 전시장에서는 발목에 끈을 묶고 바다에 뛰어들어 진주조개를 채취하는 잠수사의 모습을 생생하게 재현해 놓기도 했다.

이런 역사적 배경은 문화적 소재로도 차용되었다. 2016년 시작해 두바이 최초 상설공연장에서 연 450회 공연될 정도로 인기가 높은 워터 서커스 쇼 '라 펄La Perle'은 UAE 진주잡이 잠수사들의 이야기를 담고 있다. 또한 대형 쇼핑몰인 '두바이 몰Dubai Mall'에는 랜드마크 중 하나로 '진주잡이 잠수부를 형상화한 폭포수'가 조성되어 있다. 이처럼 UAE에서 진주는 국민 정서에 깊이 자리잡고 있는 특별한 존재임을 알 수 있다.

UAE에서는 전통적인 방식으로 잠수사가 맨몸으로 수심 최대 5~20m 바닥에 위치한 조개, 굴, 가리비 등 진주조개과 어패류를 채취한 후 그 속에서 진주를 가려내는데, 진주를 품고 있는 조개의 숫자는 극히 일부이기에 더 귀하고 값지게 여겨졌다. 주로 해녀들이 바다에 잠수해 해산물을 채취하는 우리와 달리 '가이스Ghais'라 불리는 남성 잠수사들이 진주조개를 채집하는 역할을 담당했다.

이렇게 채집된 아라비아만 일대의 야생 진주는 높은 순도와 크기, 색감 등에서 최상급 진주로 평가받았으며, 아랍에서 채취한 진주는 세계 최대의 진주 시장인 뭄바이에 주로 판매되어 다시 그곳에서 유럽, 터키, 이라크, 이란의 보석상들에게 팔려 나갔다. 전 세계적으로 널리 알려진 명품 브랜드 까르띠에Cartier의 창립자 자크 테오둘 까르띠에Jacques-Théodule Cartier도 찾아왔을 정도로 인도 등 아시아뿐만 아니라 유럽과 미국에서까지 왕족과 부유층들에게 인기가 높았다.

진주잡이 잠수부를 형상화 한 폭포수 　　　　　　　　　©Suwaidi Pearls

남성 잠수사들 　　　　　　　　　©Suwaidi Pearls

"실크로드처럼, 중동의 진주 산업도 자체적으로 형성된 진주로드를 통해 수 세기 동안 진주의 무역과 유통이 이어졌습니다."

수와이디 진주의 창업자 알 수와이디^{Al Suwaidi}의 증언처럼, 진주로드가 형성될 만큼 아랍 진주의 수요가 높아지자 UAE의 당시 부족 국가들은 대거 진주잡이 산업에 뛰어들었다. 이곳에서 채취된 진주는 전 세계 진주 거래 시장의 90%를 차지할 정도였다. 당시 UAE 지역 전역에서 2만여 명이 넘는 잠수사가 활동했으며, 이들이 매년 채집한 진주의 수가 10억여 개에 이른다고 한다. 깊은 수심과 고된 작업 등으로 인해 잠수부들의 희생도 많았지만, 이처럼 황금시대를 이루었던 진주 산업은 UAE 지역 경제의 중요한 수입원이자 중추적인 역할을 담당했다.

황금시대의 종말, UAE 진주잡이 산업의 쇠퇴

그러나 아랍 진주의 황금시대는 일본 양식 진주의 등장과 함께 막을 내렸다. 1920년대 일본에서 진주 양식법이 개발되면서 일본의 양식 진주가 전 세계로 유통되었다. 아랍의 자연산 진주는 채취 과정이 힘들뿐 아니라 수확률도 1%가 채 되지 않았지만, 일본의 양식 진주는 60%에 달하는 수확률을 보이며 진주 보석 시장을 장악했다. 또한 1930년대에 들이닥친 세계 경제 위기는 사람들로 하여금 값비싼 보석 구입을 망설이게 했고, 이런 여파로 아랍 진주 산업은 타격을 입게 되었다.

결국 UAE의 진주잡이 종사자들은 새 일자리를 찾아 떠나야만 하는 상황에 직면했다. 진주 채취로 성행했던 어촌 지역의 많은 젊은 인력들이 새로운 기술을 배우기 위해 마을을 떠나거나 해외 교역이 많은 도시 국가로 이주하게 되었다.

1960년대부터는 아부다비를 포함한 중동 전역에 흑진주로 대변되는 석유 유전이 발견되면서 대대적인 석유 에너지 개발 사업이 진행되었다. 또한 개발 중심 정책으로 UAE 내 건설 붐이 일게 되면서 진주잡이 산업은 본격적인 쇠락의 길을 걷게 되었다. 1971년 UAE 국가 출범 후에도 정부가 유전 개발과 국가 인프라 구축 사업 등 도시 개발에 집중하면서, 진주잡이 등 전통 문화유산에 대한 관리와 육성은 자연히 소홀해지고 잊혀져 갔다.

수와이디와 그의 진주

전통 문화 유산의 창이 된 진주잡이 체험

산업으로서의 가치를 잃고 잊혀져 가던 진주조개잡이는 한동안 박물관에서 박제된 모습으로만 만날 수 있었다. 하지만 그럼에도 민족의 정체성과 문화의 중요성을 일깨우며 전통적인 진주잡이 문화를 알리기 위해 노력한 사람이 있었다. 바로 전통 진주잡이 잠수사였던 무함마드 빈 압둘라 알 수와이디Muhammad Bin Abdulla Al Suwaidi다. 그의 가문인 알 수와이디는 진주 산업으로 번창했던 무역항구 라스 알 카이마 지역을 기반으로 12세기부터 20세기까지 UAE 지역의 진주잡이 산업을 선도했다. 이런 전통을 지키기 위해 그는 생전에 진주잡이의 기술과 역사를 후대에 전수하는 데 매진했다.

이런 그의 뜻은 손자인 압둘라 알 수와이디Abdullah Al Suwaidi에게로 이어졌다. 10여 년의 노력 끝에 지난 2005년, 압둘라 알 수와이디는 진주잡이 문화 유산을 보존하고, 널리 알리고 싶다는 조부와 알 수와이디 가문의 뜻을 이어 라스 알 카이마가 있는 알 람스Al Rams 해안에 복합 진주 센터인 '수와이디 진주Suwaidi Pearls'를 개관했다.

수와이디 진주는 양식 진주 생산을 위한 진주 양식장Suwaidi Pearls Farm 및 아랍 전통 진주잡이 역사를 소개하는 진주 박물관Ras Al Khaimah Pearl Museum, 진주 채취 체험 공간으로 구성되었다. 이곳은 중동 지역의 유일한 진주 양식장으로 주얼리 브랜드와 세계 보석 시장에 진주를 납품하고 있다. 또한 진주 박물관에서는 UAE 전통 진주잡이와 관련된 고대 신화와 사진, 잠수 장비와 의복, 전통 자연산 진주 등을 전시하고 있다.

특히 수와이디 진주는 UAE를 방문하는 관광객들을 위한 진주잡이Pearling 체험장으로 활용되고 있다. 관광객들의 진주잡이 체험은 숙련된 현지 전문 잠수 가이드의 진행으로 진행되는 진주 농장 투어 프로그램이다. 관광객들은 목조로 된 전통 진주잡이 배 도우 선을 타고 맹그로브를 지나 농장까지 간다. 귀마개, 코마개, 채집장 등 잠수사 장비, 조업 방식에 대한 스토리텔링 등 가이드의 설명을 들으며 전통 방식의 진주잡이와 선원들의 삶을 직·간접적으로 체험할 수 있다.

또한 배에서는 선원들이 즐겨먹었던 음식과 다과도 함께 즐길 수 있다. 배가 양식장에 다다르면, 관광객들은 진주잡이 선원들이 했던 방식으로 교육을 받고 양식장의 진주조개에서 실제로 진주를 찾아내는 체험을 한다. 체험은 양식 진주로 진행되기에 60% 이상의 확률로 진주를 획득할 수 있어 관광객들의 반응이 가장 열렬해지는 시간이기도 하다. 좀 더 적극적인 도전을 하고 싶다면, 스쿠버 다이빙 안전 장비를 갖추고 양식장이 아닌 바다에 들어가 진주조개를 채취하는 체험도 가능하다.

이처럼 수와이디 진주 농장 투어는 방문객들에게 진주 채취를 위해 조개를 키우는 것부터 각 진주의 품질 등급을 매기는 것까지 진주잡이의 모든 과정을 알려주고 직접 체험하게 한다. 이 과정에서 진주 산업의 역사적, 문화적 유산에 대해 배우고, 아라비아의 과거와 문화, 생태까지 복합적으로 만날 수 있다. 진주잡이 체험은 문화의 창窓이며, 진주의 신비로운 탄생과 결과물을 직접 손에 쥐어보는 독특한 경험을 선사한다.

비즈니스와 관광, 두 마리 토끼를 잡다

UAE의 2020년 비전 중 하나는 예전처럼 천연 진주의 수도가 되는 것이었으며, 이를 위해 진주의 부흥을 목표로 다양한 기획을 추진해 왔다. 지난 몇 년 동안 진주 부흥 위원회Pearl Revival Committee, PRC라는 국가 기관이 이 목표를 위해 광범위하게 노력해 왔다.

이에 걸맞게 수와이디 진주는 전통 진주잡이 체험 투어 프로그램을 알리고자, 설립 이후 라스 알 카이마 관광청RAKTDA과 공동으로 지역 관광 활성화를 위해 홍보 세미나, 기업 워크숍, 팸투어 등을 진행해 왔다. 그리고 중동 유력 OTA 및 관광 메타서치 플랫폼에서도 수와이디 진주를 지역의 대표적인 관광 상품으로 활발히 소개하고 있다.

이런 노력의 결과로 UAE의 변방으로 여겨지던 라스 알 카이마 지역은 전통 진주잡이 산업과 문화를 체험하기 위해 찾아온 관광객들로 붐비기 시작했다. '수와이디 진주'의 발표에 따르면, 2021년에 총 6,100명의 관광객들이 이곳을 방문했으며 2022년에는 연말까지 약 7,000~8,000명이 방문할 것으로 예상한다.

수와이디 진주는 관광뿐만 아니라 지역 경제에 기여하는 산업으로도 거듭나고 있다. 4,000m²에 이르는 수와이디 진주 양식장에서는 매년 4만여 개의 배양된 양식 진주조개를 통해 진주를 수확하고 있다. 높은 상품성을 인정받아 스티븐 웹스터Stephen Webster, 반클리프 아펠Van Cleef & Arpels, 무아와드Mouawad와 같은 주얼리 브랜드의 각종 컬렉션에도 활용되고 있다. 또한 수와이디 진주 농장을 방문한 관광객 중 약 80%가 완성된 진주 장신구를 구매하거나 진주만 구매해 가져가는 등 UAE 진주 매출에 기여하고 있다.

또한 수와이디 진주에서는 매년 전 세계 150여 개 국적 2,000여 명의 학생들을 초청해 UAE의 전통 진주잡이에 대한 교육 프로그램을 운영하고 있다. 그리고 현지 잠수 전문 가이드들을 대상으로 실제 진주잡이 다이버 잠수 체험 훈련 등을 실시하는 등 전문가를 꾸준히 양성하고 있다. 투어 프로그램을 진행하는 가이드도 현지 일자리 창출에 기여하고 있다. 이처럼 사라져 가고 뿔뿔이 흩어졌던 지역을 화려하게 되살린 진주 산업은 이제 지역사회 인재 발굴 및 일자리 창출, 지역 관광 활성화에 기여하며 지속 가능한 역사를 써내려 가고 있다.

수와이디 진주의 관계자는 "유한한 기름과 달리 진주는 지속 가능하고 영원하며 진주 전통은 UAE의 사회적, 문화적, 경제적 뿌리의 조합을 나타낸다"

수와이디 진주와 장신구

©Suwaidi Pearls

고 강조한다. 과거 선조들의 생계를 책임지던 진주잡이가 UAE의 주력 산업에서 멀어진 지는 이미 오래된 일이다. 그러나 경제 그 이상의 문화적 가치를 보존하기 위한 선구자들의 노력으로 아랍 진주조개잡이는 UAE를 대표하는 전통 문화유산으로 자리매김하고 있다.

시대의 변화에 따라 어느 순간 사라진 산업들이 숱하게 많다. 하지만 아랍의 진주조개잡이처럼 누군가의 재발견과 의지로 산업적인 가치보다 문화적, 역사적, 생태적 가치로 새롭게 태어날 수 있는 것이 분명히 있지 않을까. 모두가 함께 공유하고 향유하는 전통 문화유산이 지역 경제를 이끄는 산업과 관광 비즈니스로 성장할 수 있다는 것도 되짚어봐야 할 것이다.

"진주잡이가 심해 속의 진주를 찾듯 각자의 내면을 깊이 들여다보아라. 깊게 들여다보면 자신의 진주를 찾을 것이다."

– 수와이디 진주 창립자 압둘라 알 수와이디

진주 조개잡이

©Suwaidi Pearls

시간이 멈춘 도시 '비간', 지속가능한 여행을 꿈꾸다!

필리핀
마닐라 지사

필리핀 식민 역사 유적 기반,
지역 관광 및 경제 활성화

파란 하늘과 바다, 열대의 이국적 풍경과 아름다운 자연, 다이버들의 천국으로 손꼽히는 워너비 휴양지, 바로 필리핀이다. 그러나 여기에 더해지는 큰 특징은 바로 동서양의 문화가 결합된 다양한 문화 유산이 공존한다는 점이다. 1521년 마젤란이 첫발을 디딘 이래 필리핀은 16세기부터 19세기까지 스페인의 식민통치를 겪어야 했고, 이후에는 미국의 영향 아래 50년을 보냈다. 또한 9세기 초부터 이어져 온 중국의 영향과 아라비아, 인도, 일본을 비롯해 동남아시아 국가들과의 교역 또한 문화적 토양에 스며들었다.

하지만 가장 강하게 뿌리내린 것은 바로 스페인 식민통치에서 파생된 흔적들이다. 스페인 건축은 필리핀의 많은 도시들에 중앙 광장이나 광장 시장을 중심으로 설계되는 방식으로 각인을 남겼지만, 대부분은 전쟁을 겪으며 사라졌다. 하지만 필리핀은 그 역사를 딛고 폐허가 된 유산을 보전하기 위해 노력했고, 이제는 스페인 통치 시대의 문화 유물을 기반으로 휴양뿐 아니라 문화 역사 관광 도시로 지역 경제 활성화를 도모하고 있다.

제국주의가 팽배하던 16세기 스페인의 지배를 받은 식민지 시절 모습이 그대로 담긴 도시 중 유네스코 세계문화유산이 있다. 바로 루손Luzon 지역 북서쪽 해안에 자리한 16세기 역사 도시 유적지 '비간Vigan'이다. '필리핀의 작은 스페인'으로 불리우는 비간에서는 어떻게 지속 가능한 여행을 설계하고 있는지 알아본다.

다문화 융합의 독특한 경관, 세계문화유산 도시 '비간'

필리핀 북부의 일로코스 쉬르에 위치하는 비간은 마치 시간이 멈춘 듯 옛 무역 도시의 모습을 그대로 간직하고 있는 도시다. 16세기 스페인 식민 시대의 모습을 고스란히 간직한 유일한 역사 도시로 필리핀에서도 매우 독특한 사례로 꼽힌다.

비간은 거대한 아브라 강Great Abra River, 메스티조 강Mestizo River, 고반테스 강Govantes River의 세 강에 의해 본토와 분리된 섬이다. 식민지 이전 시대에도 중국과 직접 교역하던 해안 무역의 중심지이자 마닐라와 멕시코 아카풀코Acapulco를 잇는 범선 무역의 무대이기도 했다. 비간을 찾은 선박들에는 금, 밀랍, 각국의 산지 제품들과 아시아 왕국의 이국적인 상품을 교환하기 위해 온 해상 상인들이 타고 있었다. 이곳에서 배에 실은 상품은 다시 유럽까지 뻗어 나갔다. 이처럼 비간은 필리핀, 중국, 에스파냐, 북아메리카에 터전을 둔 이들이 끊임없이 왕래하는 생동감 넘치는 도시였다. 또한 이곳을 찾은 중국인들이 원주민과 결혼해 비간에 정착하면서 다문화 혈통과 문화가 시작되었다.

이후 약 300년간의 스페인 식민지 시대를 거치면서 비간에는 대표적 스페인 건축 양식이 고스란히 보존된 근대 문화유산들이 많이 남게 되었다. 비간의 도시 계획을 살펴보면 스페인 제국이 식민지 신도시에 적용했던 형태인 격자형 가로망과 밀접하게 일치한 것이 드러난다. 중앙 광장을 두 부분으로 나눈 형태로 살세도Salcedo 광장과 부르고스Burgos 광장을 중심으로 의사당과 1800년대를 상징하는 랜드마크 성 바오로 대성당St. Paul Cathedral이 높이 솟아 있다.

현존하는 대부분의 건물들은 18세기 중반에서 19세기 후반에 지어진 것이다. 이들 건축물은 1층은 석재로 지어 벽돌과 나무로 지어진 2층 건물을 떠받치고 있는데 지붕이 가파르게 기울어져 중국의 전통 건축을 연상시킨다. 위층의 외벽은 통풍이 잘 되도록 카피스 조개껍질로 된 창문 패널로 둘러싸여 있다. 비간은 제2차 세계대전 이후 경제적 쇠퇴를 겪으며 일부 역사적인 건물들만 대체 용도로 내부를 개조했고, 대부분의 무역상들은 1층 건물의 상점, 사무실, 창고에서 상업 활동을 계속해 왔다. 이같은 상업 목적의 건축 외에도 다문화적인 영향을 보여주는 많은 중요한 공공건물들이 남아 있다.

비간의 건물들은 스페인 건축의 기본 형태에 필리핀과 중국, 유럽의 문화적 요소들까지 결합해 어느 곳에서도 찾아보기 힘든 독특한 도시 경관과 다양한 문화적 특징을 담고 있다. 그리고 동아시아와 동남아시아에 건설된 유럽식 무역 도시 중 이례적으로 온전하게 보존된 사례로 그 문화적 가치를 인정받아 1999년에 유네스코 세계문화유산으로 등재되었다. 또한 잘 보전된 역사 건축물과 문화 경관으로 미국 CNN이 꼽은 '아시아에서 가장 아름다운 도시 톱 13'에 선정되기도 했으며, 2015년 뉴세븐원더스New7Wonders로부터 새로운 세계 7대 불가사의 도시 중 하나로 선정되기도 했다.

부르고스

비간 거리

역사 마을 보존과 진흥을 위한 다양한 노력

그러나 아름다운 역사 도시 비간이 처음부터 그 가치를 인정받았던 것은 아니다. 세계문화유산으로 등재되기 불과 4년 전만 해도 비간은 정치적 불안정과 그로 인한 사회 폭력, 지역 경제에 위기를 가져오는 기업 이전과 역사적 보존 지구의 쇠퇴 등 도시의 쇠락이 진행되고 있었다. 전통 산업은 사장되고, 지역 경제는 감당할 수 없을 정도로 어려운 상황이었다.

지방 정부는 이런 상황으로부터 벗어나 비간 문화 유산의 잠재력을 경제 회복 발전의 디딤돌로 활용하기 위해 2001년 '비간 종합 계획'을 세우기 시작했다. 특히 지역 경제 활성화를 위한 유네스코 세계문화유산 등재를 목표로 세우고, 이를 실행하기 위한 명확한 비전과 다양한 분야의 계획을 수립했다.

그 첫째는, 역사적 도시에 사는 시민들의 정체성과 자긍심 고취이다. 두 번째는 단기적인 정치적 변화가 모멘텀을 저해하지 않도록 도시의 장기적 정책과 관리 접근 방식의 추진이다. 세 번째는 다른 역사적 도시 벤치마킹과 더불어 마스터 플랜 계획 프로세스에 대한 스페인 정부의 지원 확보, 추가 자원과 연구 역량을 활용하기 위한 학계와의 협력 강화이다. 네 번째는 비간을 지역 주민들의 핵심 가치와 전통을 보존하는 관광지로 개발해 지역 경제의 활성화를 이루는 것이다.

실제로 이 계획에 공감한 스페인 정부가 산티아고 재단을 통해 지원한 점도 주목할 지점이다. 스페인 정부는 비간 종합 계획의 준비를 위한 비용, 공공 건물의 수복을 위한 비용, 모든 사업 팀과 참가자들을 위한 문화적 감수성에 관한 세미나 워크숍의 개최를 위한 비용 등을 지원했다.

필리핀 정부의 참여도 적극적이었다. 관광국, 일로코스 쉬르의 지방 정부, 비간 시 정부 등의 행정부처는 물론, 비간 유산 마을의 보호, 보존, 복원을 위한 대통령 위원회를 포함한 다양한 기관들이 이에 동참했다. 이들은 자금 지원 대상자와 전문가 선정, 종합계획 초안을 검토하고, 세계문화유산 등재 심사와 수행에 필요한 제반 준비 등의 지원, 시범 공공빌딩 선정, 자문 회의와 인식 개선 프로그램 수행 시 지역 공동체의 참석을 격려하는 등의 역할을 수행했다.

지방정부는 민간단체와 협력해 비간 유산 관리 사무소Vigan Heritage Management Office와 유산 보존과Heritage Conservation Division를 설립한 후 유적지의 보존 상태를 상시 모니터링하며 비간의 지속가능한 도시기반 시설 개발을 위한 마스터 플랜을 시작했다. 역사, 전통, 예술, 문화, 산업에 대한 연구는 물론, 간행물 발행 등 교육 훈련 프로그램도 개발했다. 또한 지역 주민이 역사 보존을 위해 지역사회 협의회 프로그램에 참여하도록 유도하고, 전통 기술과 지식을 보호하며, 무형 문화 유산에 대한 적극적 홍보 활동을 이어 갔다. 그리고 마지막으로 관광객 유입을 위한 인프라 시설 개선(폐기물 시스템, 위생시설, 도로 개발 등)을 위한 다양한 실행에 나섰다.

축제를 통한 전통 문화 홍보와 관광객 유치

지방정부와 민간단체는 비간 마을을 홍보하고 관광객을 유치하기 위해, '비바 비간 예술축제Viva Vigan Festival of Art'를 개최했다. 매년 4월 마지막 주에서 5월 첫째 주 즈음에 개최하는 축제는 비간의 현지 직물 '아벨−일로코Abel Iloco'의 직조 과정을 보여주고 비간 마을의 문화와 전통적 생산품을 알리는 것이 주 테마다. 아벨−일로코 직물로 만든 옷을 입고 행진하는 패션쇼, 칼레사 퍼레이드Calesa Parade, 라마다 또는 전통 게임, 코미디 또는 무대 드라마 등 다양한 문화 공연과 체험 프로그램으로 이루어진다. 비낫바탄 거리 댄스Binatbatan Street Dancing, 카르보 축제Karbo Festival와 보클란 예술 경연대회를 비롯해 콘스탄틴 대제의 어머니 성 헬레나를 기념하는 '산타크루잔Santacruzan'이라는 가톨릭의 기도 의식도 축제의 또 다른 볼거리다.

방문객들은 다양한 이벤트를 비롯해 종교 의식에 참여하거나 전시회, 정원 쇼, 무역 및 식품 박람회를 방문하며 축제를 만끽할 수 있다. 이 축제를 즐기기 위해 전 세계에서 수만 명의 관광객들이 비간을 찾는다. 비바 비간 예술축제는 다채로운 문화와 역사적 전통을 보여주는 필리핀 북부의 가장 큰 축제로 자리매김했다.

지속 가능한 역사 도시 관광을 위한 노력

기반 시설 확보를 위한 노력도 이어졌다. 비간을 여행하려면 필리핀의 수도인 마닐라에서 보통 자가용이나 대중교통인 버스를 이용하는데, 약 8시간이 소요된다. 물론 비행기 운항도 하지만 비정기적이고 관련 정보도 찾기 쉽지 않다. 이런 교통의 어려움을 해소하고 비간의 관광 활성화와 지역간 연결성 향상을 위해서 필리핀 정부는 2018년 여객터미널 건물 확장 등 비간 공항 개발 프로젝트를 착수했다. 비간 공항 이용객 수는 2016년 1만 4,645명 대비 2018년 4만 7,856명으로 227% 증가해 공항 확장 공사의 필요성이 충분했다.

이처럼 문화유산 관광의 잠재력을 이해하고 실행 계획을 개발 및 구현하는 다양한 시도와 과정을 통해 비간은 비약적인 경제 성장을 할 수 있었다. 도시를 방문한 사람들의 수는 2009년 7만 6,000명에서 2012년 33만 5,000명으로 증가했다. 또한 빈곤율은 1995년 45.5%에서 2013년 9%로 떨어지는 획기적인 수치를 기록했다. 이외에도 관광청 통계에 따르면 일로코스 수르Ilocos Sur의 숙박 시설에서 숙박한 여행자는 2019년 1월부터 12월까지 39만 7,022명에 이르렀으며 이 중 28만 5,828명이 비간을 방문한 것으로 나타난다.

도시 재정도 1995년 2,700만 페소(약 6억 원)에서 2억 9,200만 페소(약 66억 원)로 증가하면서 2012년 유네스코에서 세계문화유산 관리의 모범 사례로 인정받았다. 이처럼 역사 문화 도시의 가치를 알리고 관광객의 발길이 늘어나면서 비간은 주민들의 삶의 질과 생계를 개선하는 동시에 역사 유산 보전의 필요성을 강력하게 보여주는 사례로 주목받고 있다.

이런 결과일까. 코로나19 팬데믹 이후를 대비한 여행 전망에 대해 미국 경제 금융 전문지인 《포브스 매거진》의 자레드 라나한[Jared Ranahan] 여행 전문 기자는 '전 세계에서 주목받을 여행지' 7개국에 필리핀을 선정했다. 아름다운 해변과 모래사장을 비롯해 웅장한 산들의 경치 외에도 세계문화유산으로 가득한 장소들이 여행객들에게 독특한 경험을 제공할 것이라고 설명했다.

아름다운 자연 자원과 역사 문화 유산을 간직한 나라는 많다. 그러나 그저 옛 모습 그대로 '지키기만' 한다고 해서 지속 가능한 관광을 꿈꿀 수 있는 것은 아니다. 필리핀의 비간처럼 비록 식민 지배를 받은 뼈아픈 역사일지라도 그 안에서 문화유산의 가치를 발굴해 내고, 체계적인 관광 개발을 실현한다면 지속 가능한 미래를 꿈꿀 수 있지 않을까.

도자기 체험 '불나이'

말이 끄는 마차 '칼레사'

©Dan Lundberg

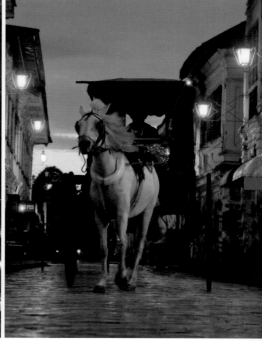

정교하게 닦인 도로와 옛 건축물이 이국적인 분위기를 풍기고 역사가 살아 숨쉬는 세계문화유산 도시. 그동안 묻혀 있던 보석 같은 도시 비간이 대외적으로 알려지면서, 16세기 스페인 식민지 역사가 그대로 보전 유지된 독특한 관광 자원으로 더욱 주목받고 있다. 비간 마을 중앙에 자리잡고 있는 교회와 식민지풍 가옥들은 필리핀에 현존하는 유적 중 역사, 문화가 가장 잘 보존된 유적으로 평가받고 있으며, 마치 16세기에 시간이 그대로 멈춘 듯 거리 곳곳에는 유산 가옥이 자리해 독특한 정서를 느낄 수 있다.

스페인 식민지 시절, 독립을 위해 앞장서다 순교한 3인의 신부 중 하나인 호세 부르고스Jose Burgos의 흔적을 찾아보는 것 또한 비간 여행자들이 놓치지 말아야 할 문화 유산 중 하나다. 도시의 중심 거리인 부르고스 광장은 부르고스 신부의 이름을 딴 것이고, 그의 생가는 파드레 호세 부르고스 국립박물관Padre Jose Burgos National Museum으로 재탄생했다. 박물관에서는 전통 방식으로 짠 직조물과 전통 의상 등 일로카노Ilokano(일로코스 지역에 거주하는 부족민)의 유물과 당시 중산층의 생활상을 온전히 만나 볼 수 있다.

역사 문화 체험도 해볼 수 있는데 수제 담요, 조각품, 도자기 등과 같은 전통 공예품을 직접 만들어 보는 것도 가능하다. 특히 꼭 해봐야 하는 체험 중 하나는 '불나이Burnay'라고 불리는 도자기 체험이다. 불나이는 스페인이 필리핀을 점령하기 전에 먼저 터를 잡았던 중국인들의 도자기 제조 방식에서 유래되었으며, 당시 진흙이 많은 비간 시티 서쪽에서 흙을 가져와 도자기를 만들기 시작했다고 한다. 예전엔 많은 양을 수출하기도 했지만 지금은 제작 공방 몇 곳만 남아 있다. 사람의 손과 물레만으로 완성되는 불나이를 현지 공방에서 체험하며, 나만의 도자기 그릇을 만들어 보는 것도 여행자들이 비간을 오래도록 기억하는 방법 중 하나다.

비간을 더욱 특별하게 즐기는 방법은 말이 끄는 마차 '칼레사'를 타고 도시 곳곳을 돌아보는 것이다. 칼레사는 과거 스페인 귀족들이 탔던 전통 마차로 비간의 상징적인 명물이다. 자갈이 깔린 좁은 거리를 따라 칼레사를 타고 달리는 고풍스러운 정경은 시간을 거슬러 옛 시대의 한 장면 속으로 여행하는 듯한 기분을 선사한다.

이외에도 비간 성 바울 대성당과 스페인 정복자인 후안 데 살세도Juan de Salcedo의 이름을 딴 살세도 광장에서는 매일 저녁 눈부신 빛과 신나는 음악이 어우러진 분수쇼가 진행되고 밤이 되면 감성적 버스킹이 이어진다.

비간 거리

떠나는 어촌에서 찾아오는 관광지로, 저우산

중국
상하이 지사

중국 저장성,
섬 관광으로 어촌 살림을 일으키다

어느 섬마을 초등학교의 마지막 졸업식이 뉴스에 소개되었다. 학교에 다닐 아이들이 없는 학교는 폐교를 앞두었다. 아이들이 없는 학교, 아이들이 뛰어놀지 않는 바닷가 마을에 미래는 없다. 아이가 떠난 마을에는 그들의 젊은 부모도, 청장년 인력도 더 이상 남아 있지 않기 때문이다. 고향을 떠날 수 없는 노인들만 마을을 지키고 있을 뿐이다.

우리나라의 많은 어촌에서 직면하고 있는 모습이다. 바다를 근간으로 살아가는 어촌에서도 인구 감소로 인해 심각한 지역 소멸 위기를 직면하고 있다. 50년 이내에 국내 섬 16%가 무인도가 되고, 2045년에는 어촌 지역 가운데 87%가 소멸 고위험에 처한다는 전망도 있다. 그간 청년이주 정책, 귀농·귀어민 정책, 지역 재생 등 다양한 방법으로 인구 유입을 위한 노력을 이어 왔으나 아직까지 뚜렷한 성과를 찾아보기는 어렵다.

그런데 아이러니하게도 최근 코로나19 팬데믹 시대를 겪으며 소멸 위기 지역인 어촌이 가장 안전한 지역으로 인식되고 있다. 도심을 떠나 사람이 없는 바닷가 마을을 찾는 사람들의 발길도 부쩍 늘었다고 한다. 포스트 코로나 시대를 앞두고 어촌과 같은 지방 도시의 미래는 단순한 인구유입 정책이 아니라 질 높은 자연환경, 생활 지방 도시의 서비스를 쉽게 누릴 수 있는 환경, 언제 어디서나 일할 수 있는 비대면 생활환경을 어떻게 만들어 갈 것인가에 달려 있다는 사실을 새롭게 확인하는 계기가 되었다.

중국 저장성에서는 이러한 가능성에 주목해 살기 좋은 어촌 만들기 정책을 적극적으로 실현해 왔다. 그 결과 사람들이 떠나던 바닷가 마을에서 이제는 더 많은 사람들이 찾아오는 관광지로 탈바꿈했다. 도농의 차이 없이 모두가 잘사는 도시를 건설하겠다는 목표를 '슬로우 라이프 생태 관광'을 통해 구현하고자 노력했고, 성공적인 변모를 이룬 곳이 바로 중국 저장성 저우산 군도다.

중국 저장성 저우산 어촌

중국 저장성 저우산 어촌

모두가 부유한 삶, '공동부유' 시범 지역

　　지난 2021년 6월, 중국 동남부에 위치한 저장浙江성은 중국의 '공동부유共
同富裕' 정책 시범 지역으로 선정되었다. 모두 함께 잘사는 국가를 목표로 하는 '공
동부유'는 중국이 정부 방침을 성장 위주에서 분배로 전환하겠다는 포부이자 중
장기적 목표를 담은 정책이다. 시범 지역으로 지정된 저장성은 2035년까지 고
도의 질적 성장을 통해 빈부격차를 줄이고 공동부유를 실현한다는 목표를 세웠
다. 이를 통해 저장성 주민 1인당 지역 국내총생산GDP과 도농 주민 소득이 선진
국 수준까지 도달하도록 만들고, 최종적으로는 중국 전역에서 공동부유를 달성
하는 것을 목표로 한다.

그런데 중국의 그 많은 지역 중에서 하필 저장성이 공동부유 시범 지역으로 선정된 이유는 무엇일까. 그 배경은 저장성이 평균적으로 부유한 지역이라는 점이 주요 요인으로 꼽힌다. 1인당 GDP는 10만을 넘어서 전국 평균보다 1.63배 높고, 중국 전체 성省급 지역 중 도시와 농촌 1인당 가처분소득 순위가 각각 모두 1위를 기록하기도 했다. 또한 저장성은 '칠산일수이분전七山一水二分田(산 7할, 물 1할, 논밭 2할)'의 비율로 산야, 평지, 호수와 강이 적절히 혼합 구성된 지형이다. 더불어 도시와 농촌 간 1:1 비율의 균형적인 인구 구조를 지녀 지형적 특성이나 행정 구역, 인구 특성에서 '중국의 축소판'이라 여겨지고 있어 시범 지역으로 삼기에 적합했던 것이다.

특히 도농 격차가 작다는 점도 중요한 이유 중 하나로 꼽힌다. 저장성의 도시와 농촌 사람들 사이의 수입 격차는 1.96배 정도로 전국에서 세 번째로 낮은 수치이며, 저장성 농촌은 1인당 가처분소득이 전국 성 중에서 가장 높다. 부농들이 많다는 점에서 공동부유의 시범적인 시도가 성공할 확률을 높게 본 것이다.

중국 저장성 저우산 어촌

이에 따라, 2021 중국 농업농촌부와 저장성 정부는 '고품질 농촌진흥 시범 성 조성 공동부유 시범구 건설 행동 방안(2021~2025)[1]'을 발표했는데, 그 중 저우산군도舟山群島가 중점 지역으로 포함되어 있다. 그리고 그 행동 방안에는 저우산을 농촌 레저관광 최적화, 아름답고 살기 좋은 농촌 건설, 친환경 녹색 저탄소 순환발전 등의 분야에서 중점 지역으로 언급하고 있다.

호황기 어촌에서 침묵의 어촌으로 쇠락

'천 개 섬의 도시千島之城'로 불리는 저우산군도는 저장성 동북부, 중국 장강長江 남쪽에 위치한다. 1,390여 개의 섬으로 이루어진 중국에서 가장 큰 군도이자 중국에서 섬만으로 이루어진 유일한 지급시地級市(성省과 현縣의 중간)다. 주민 거주 섬은 57개, 어촌은 60여 개, 인구는 약 16만 명으로 알려져 있다. 저우산은 중국의 대표적인 어촌 도시로서 한때는 어업 발전으로 호황기를 누렸다. 80년대 말 저우산 어촌의 연평균 수입은 한때 시 전체 농촌인구 평균 수입의 2배에 달했다고 한다.

그러나 빠르게 진행되는 도시화, 공업화와 어업 자원의 급감으로 어업 위주의 부속섬과 어촌의 전통 경제 구조는 위기에 직면하게 되었다. 특히 다른 산업이 없는 순수 어촌은 어민들의 수입이 줄어들면서 경제는 활력을 잃고 도시는 점차 쇠락해 갔다. 계속되는 어업 자원 급감으로 어민들도 생활고를 겪으면서 결국 청장년들은 일자리를 찾아 주변의 큰 섬이나 도시로 떠났다. 작은 섬의 학교는 폐교되고 자녀 교육을 위해 거주지를 옮겨야만 했다. 이에 따라 저우산 일대 어촌은 어민들이 빠져나간 공동화 현상과 노령화 현상이 갈수록 심각해졌고, 작은 섬들은 노인들만 남은 '침묵의 어촌沉寂漁村'으로 변해 버렸다.

이러한 문제를 해결하기 위해 2011년 6월 중국 국무원이 저장성 저우산군도를 중국의 네 번째 국가 신개발구이자 최초의 해양경제 테마의 국가 전략적 신구新區로 지정하면서 다양한 저우산 경제 활성화 방안이 기획, 추진되었다. 새

---

1. 农业农村部浙江省人民政府关于印发〈高质量创建乡村振兴示范省推进共同富裕示范区建设行动方案（2021~2025年）〉的通知

로운 발전 모델을 검토하던 저우산은 중국 여행 소비의 빠른 성장 추세와 어촌 생태관광 수요의 증가에 시선을 돌렸다. 중국 국가여유국 통계에 따르면 2014년 중국인 해외 여행객은 1억 1,000만 명에 달했다. 특히 몰디브, 발리, 피지 같은 국제적으로 유명한 섬 관광지가 중국 여행자들의 주요 목적지였다. 이들의 발걸음을 국내 섬으로 돌리기 위해 저우산은 '해양 도서 휴양 관광 목적지 건설' 방안을 내놓았다.

무엇보다도 저우산은 중국에서 경제가 가장 발달하고 풍요로운 장삼각長三角 지역² 을 배경으로, 도서형 농촌 관광 발전에 유리한 거대 시장을 확보하고 있다는 점에 주목했다. 이에 힘입어 저우산 군도가 가진 해양 관광 자원의 우위를 활용한 생태관광 활성화를 돌파구로 삼게 되었다. 또한 장강 삼각주를 연결하고 고속도로를 비롯해 주변 섬과 장강, 섬과 섬을 연결하는 바다 위 대교 등 교통 인프라 개선과 철도 및 여객운수 산업, 하천 복합 운송의 통합 개발 촉진으로 관광은 물론 해운 물류의 허브 기능 강화를 추진했다. 고품격 해양 도시를 목표로 진행된 이와 같은 다각적인 시도는 저우산 지역의 수입 증대로 이어졌고, 어민들과 충분한 노동 인구가 취업할 수 있는 기반을 조성해냈다.

민박 관광 활성화로 휴양 마을로 새 출발!

2021년 7월, 저우산은 공동부유 정책의 일환으로 고품격 해양 도시 건설高水平建設現代海洋城市 발전 목표 촉진을 위한 '5대 행동'을 발표했다. 도시와 농촌 지역의 조화롭고 통합된 발전을 추진하는 데 앞장서고 군도의 특성을 살려 바다 정원과 독특한 매력을 갖춘 도시를 만들겠다는 제안이다. 그중에는 저우산 전역을 도서지역의 정서를 담은 아름다운 명소 마을로 전환하기 위해 30개의 아름다운 섬, 20개의 아름다운 마을, 무인도·촌空心島村 활성화와 시범보호 지역 및 '탄소제로' 마을 조성 등을 추진한다는 내용이 포함되어 있다. 이에 따라 저우산은 섬의 생태계와 관광 자원 보호를 통해 생태관광발전을 주도하고

---

2. 장삼각 지역 : 중국 상하이, 장쑤성, 저장성, 안후이성 등 3성 1시를 포함한다. 총 41개 성시로 구성되어 있으며 중국 장강의 하류 지역에 위치해 있다. 2020년 중국 GDP의 1/4를 차지한다.

어촌의 생산 공간, 생활 공간, 생태 공간을 정비해 농(어)촌 마을의 새로운 발전 모델을 지향하며 적극 실행에 나섰다.

그중 대표적인 사례가 '중국의 산토리니'로 불리우는 성쓰 화냐오다오嵊泗花鸟岛다. 저우산 성시군도 최북단에 위치한 화냐오다오는 평범한 어촌 마을이자 노인들만 남아 있던 섬이었다. 그런데 이곳에서 바다 전망 민박을 출시해 관광객들을 적극 유치했다. 화냐오다오는 꽃과 식물로 가득하고 숲이 아름다워 '꽃과 새의 섬'이라는 별칭이 붙었다. 에메랄드빛 바다와 섬의 랜드마크인 화조등대 등 아름다운 풍경들도 사진 출사 명소로 부상되며 SNS에서 관심을 끌었다. 특히 파란 창틀과 새하얀 벽이 특징인 화냐오다오의 민박은 창문을 열면 바다가 가득 들어오는 몽환적인 분위기를 선사한다. 현재 섬에는 60개 이상의 홈스테이가 있으며, 최근 몇 년 동안 '국가 농촌 관광 핵심 마을' 및 '중국의 아름다운 레저 마을'과 같은 명예 칭호를 연속적으로 수상했다. 또한 다양한 국제예술제를 열어 유명 예술가들이 섬을 찾아 다양한 작품을 남겼고, 예술 향기 가득한 섬의 매력으로 많은 관광객을 끌어들이고 있다.

또 다른 섬 푸투어동지普陀东极와 성쓰성산嵊泗嵊山의 지우지枸杞 섬도 유명 작가이자 감독인 한한韩寒[3]의 영화 〈우리 다시 만날 수 있을까〉 촬영지와 담쟁이덩굴로 뒤덮인 옛 마을 사진으로 큰 화제를 불러일으키며, '중국판 에게해'로 등극했다. 푸투어동지는 여름이 되면 바다가 파랗게 변하는 독특한 경관 때문에 관광 명소로 손꼽힌다. 인구가 적기 때문에 이곳의 생태 환경은 더 원시적이며, 관광 차량이 없어 오로지 도보로만 경치를 볼 수 있다.

성쓰성산 지우지섬의 호터우완后头湾 마을은 사람이 살지 않는 산비탈 마을 때문에 더 유명하다. 버려진 집들과 무너진 담벼락은 녹색 식물로 뒤덮였다. 섬의 어민들은 쓸쓸한 영락의 뒤안길과 야생의 신비함을 셀링포인트로 활용해 버려지거나 사용하지 않는 가옥의 3면을 바다 풍경을 만끽하도록 재조성했다. 바닷가 민박에서 일출을 보거나, 파도 소리를 들으며 취하는 휴식으로 도시 관

---

3. 한한(韩寒, 1982~) : 1980년대 이후 태어난 차세대 작가군 '80후後'의 대표 주자이자 인기 작가다. 최근에는 영화 제작자로 변신해 더욱 화제다.

©저우산시정부 사진공모전 입선작
©저우산시정부 사진공모전 입선작
©저우산시정부 사진공모전 입선작

성쓰 화니아오다오 표지판

딩하이 비경

성쓰 담쟁이덩굴 가옥:녹야선종

광객들의 발길을 붙잡은 것이다. 여행 성수기에는 푸른 바다 절경을 접하려는 예약이 몰리며 수많은 도시 젊은이들이 선호하는 여행지로 부상하게 되었다.

한편 세계적으로 기후 위기에 대한 관심이 높아지면서 녹색 에너지를 지향하는 친환경 개발에도 시선이 쏠린다. 128개의 크고 작은 섬으로 이루어진 저우산 딩하이定海구는 기후 변화와 해수면 상승이라는 어려움에 직면하게 되자 이를 해결하기 위해 탄소 제로 마을 건설에 나섰다.

대표적인 곳이 바로 민박 프로젝트를 통해 거듭나고 있는 딩하이구 신젠촌이다. 마을은 산을 따라 고풍스럽고 고즈넉한 민박 시설을 건설했다. 독특한 것은 에너지 소비를 줄이기 위해 건물 방향, 문, 창문의 위치를 과학적으로 설계해 난방과 통풍에 드는 전력을 아꼈다는 점이다. 그 결과 고요하고 평화로운 산속 정취 속에서 휴식을 취하려는 관광객들이 늘어났고, 새로운 비즈니스 모델로서 농촌 발전을 위한 내부 원동력도 발굴했다. 이는 결국 마을 사람들을 위한 새로운 일자리 창출로 이어졌고, 천혜의 자연환경과 친환경 관광을 접목시키며 경제 발전까지 도모한 사례로 손꼽히게 되었다.

저우산 섬들의 민박으로 인한 경제 발전은 어민의 가계와 취업에 큰 도움을 주고 청장년들이 고향으로 돌아올 수 있도록 일자리를 해결해 지역 발전의 기반이 되었다. 저우산은 '가장 아름다운 민박과 성급 민박 명단[4]'을 발표하며 가장 인기 있는 민박, 가장 아름다운 민박, 가장 설계가 뛰어난 민박 등 다양한 분야의 상을 수여하고 백금, 금, 은 등으로 등급을 부여해 관리하고 있다.

느릿느릿 섬 여행, 생태 관광으로 새로운 동력 촉진

저우산의 주력 산업 중 하나가 된 섬 관광의 중심에는 특색 있는 민박 활성화와 더불어 '슬로우 라이프 생태 관광'이라는 테마가 자리하고 있다. 그중에서도 성쓰현은 아름다운 작은 섬들과 매력을 활용해 '작은 섬, 작은 마을, 느린 생활海岛, 微城, 慢生活'을 특색으로 한 생태 관광으로 유명해졌다.

기암절벽과 암초가 섬을 에워싸고 울창한 녹음이 우거진 자연과 바닷가 산비탈을 따라 줄지어 선 집, 평범한 어부의 삶이 반복되며 느릿느릿 흘러가는 섬. 오염도 소음도 없으며 바쁘게 오가는 행인이나 길게 늘어선 차량 행렬도 없고 오로지 한가로움만이 존재하는 외딴 섬, 작은 마을에서 신선한 어촌의 먹거리를 유유자적하게 즐기고 한가로운 산책과 잔잔한 교류를 즐기는 슬로우 라이프가 관광의 주 콘텐츠다.

자연의 허락 없이는 수확을 거둘 수 없는 어촌만의 느린 삶과 현대적 요소의 유기적 결합을 통해 관광객이 '시적 정서와 낭만이 가득한 거주지'를 만끽할 수 있도록 했다. 어촌의 문화적 요소와 마을의 민속과 풍속을 관광 테마와 콘텐츠에 담아내어 최대한 어촌 생태 본연의 정취를 느끼도록 했다.

그뿐만 아니라 바닷가에서만 누릴 수 있는 특색 있는 즐길 거리도 연계했다. 푸투어普陀, 다이산岱山, 성쓰 등 일대 어촌에서는 전통적 어업과 레저를 결합해 레저 관광 어업을 적극 육성했다. 섬에서만 만끽할 수 있는 해변 휴양, 해안 레포츠, 해상 낚시, 해상 관광, 아일랜드 호핑 투어, 신선한 해산물 미식 여행 등 섬의 특색을 살린 관광 상품도 개발했다. 또한 무인도 탐방, 종교, 옛 어촌 어업 문화 체

---

4. 가장 아름다운 민박과 성급 민박 명단岛居舟山 最美民宿与省级民宿名录 : 저우산시문화광파여유체육국舟山市文化和广电旅游体育局 선정

험, 백사장 캠프파이어 음악제, 조개껍질 축제 등 해양 축제를 비롯해 어촌 마을의 민속과 풍속을 통해 관광객들이 어민들의 일상과 민속 문화와 정취를 느낄 수 있도록 다양한 프로그램을 기획했다. 이러한 생태 관광 콘텐츠 개발은 도시인들에게 '1일 어민' 체험의 기쁨을 줄 뿐 아니라 어촌 경제에도 도움이 되었다.

이밖에도 녹색 에너지와 저우산 해양 대교, 원양 어업, 해양 국제 방위 연구, 조선 산업 등 테마 자원을 활용해 고품질 해양 연수 관광 상품을 개발하고, 의료 미용 기업 유치 등을 통해 저우산을 장삼각 지역의 해양 휴양 기지로 조성하고자 노력하고 있다.

저우산 작은 섬 생태 관광은 관광과 어업, 관광과 문화, 관광과 웰빙, 관광과 스포츠 등 다양한 방식의 결합을 통해 새로운 발전 모델을 구축했다. 이를 통해 어촌 마을의 새로운 산업과 업태를 등장시키고 어촌 경제 구조를 한 단계 성장시킨 우수 사례로 평가되고 있다.

어촌 소멸 위기를 극복하기 위해서는 지역민들이 오랜 시간 만들어 온 가치를 지키며, 쇠퇴한 지역에 새로운 활력을 불어넣을 수 있는 현실적이면서도 장기적인 개발이 이루어져야 한다. 단순히 자연을 즐기고 휴식을 누리는 여행자들의 관광에 머물지 않고, 지역 주민의 삶과 밀접한 산업 체계와 구조를 만들기 위해서는 다각도의 연구와 적극적인 실행이 필요하다.

Tip 동중국해 친퀘테레

저우산 성쓰嵊泗현에는 슬로시티로 유명한 이탈리아의 친퀘테레Cinque Terre 마을처럼 '슬로우 라이프 생태 관광'으로 친환경 생태 마을로 거듭난 곳들이 있다. 대표적인 황룡향, 우롱향의 천아오촌, 황사촌, 회청촌, 비엔자오촌, 자오촌의 5개 마을은 '동중국해 친퀘테레'로 불리며 방문객들에게 슬로우 라이프를 선사한다. 이들 마을은 바닷가 산비탈을 따라 집들이 가지런히 배열되어 있고, 탁 트인 바다를 따라 그림 같은 풍경들이 어우러져 있다. 오래된 집 벽에는 어부 화가들이 그려 놓은 원색의 그림들이 그들의 삶과 장엄한 바다의 모습을 표현해 '벽화 야외 미술관'으로 불리며 생생한 감동을 전한다. 예술은 삶에서 나온다는 진리를 성시의 어부 화가들이 입증하고 있다.

성쓰 담쟁이 덩굴 가옥

©Thomas Chu

실크로드 고대 도시,
역사 유적 문화 관광지로 날개를 펴다

카자흐스탄
알마티 지사

역사 문화와 현대 관광 산업의
조화로운 개발, 투르키스탄

낙타에 가득 짐을 실은 기나긴 카라반 행렬이 모래사막을 넘어 잠시 쉬어 가는 곳. 실크로드의 오아시스는 동양과 서양 사이에서 문화와 문물의 전달자 역할을 하고 또 새로운 문화를 만들어 내며 역사와 문화를 지닌 고대 도시로 성장했다. 이게 바로 '튀르키예인의 땅'을 뜻하는 '투르키스탄Turkestan'이라는 도시의 시작이다.

490년 유목민에 의해 세워진 카자흐스탄의 천년 고도 투르키스탄은 카자흐 대초원과 중앙아시아 오아시스의 교차점, 실크로드 카라반 루트의 교차점에서 시작되고 발전한 도시다. 6세기 초에 도시를 형성했으며, 과거에는 '샤프가르Shavgar', '야시Yasi' 등의 이름으로 불리었다. 투르키스탄은 12세기에 성벽과 요새가 보호하는 풍요로운 도시로 성장하면서 사료에 처음 등장했고, 호레즘샤, 티무르 제국, 샤이바니 왕조 등 중앙아시아 통치자들의 행정 중심지로 부각되었다. 14세기에 티무르 칸Tamerlane에 의해 티무르 왕조에 복속되었고, 16세기부터 투르키스탄으로 불리며 카자흐 칸국의 수도로 선택되었으며 19세기에는 러시아의 지배에 들었다. 현재는 2021년 기준 인구 20만 명이 거주하는 카자흐스탄 남부의 중심 도시다.

고대부터 중세까지 실크로드를 오가던 대상 무역의 고대 중심지로서 번영을 누렸던 투르키스탄은 유목생활을 하던 중앙아시아의 대초원 문화와 오아시스 정착농경 문화가 융합되어 있으며, 현대화된 도시가 절묘하게 어우러져 카자흐스탄 관광의 중점 도시로 주목받고 있다. 실크로드 위 작은 고대 도시가 굽이굽이 써 내려온 역사와 문화이자, 투르크 세계의 영적 수도로 추앙받는 투르키스탄이 자연과 사람들이 빚어낸 발자취를 기반으로 일으키고 있는 새로운 관광 문화의 바람을 따라가 본다.

세계문화유산 야사위 영묘, 영적 중심 도시 투르키스탄

1,600여 년의 역사를 품은 투르키스탄이 중앙아시아에서 유서 깊은 명소로 주목받게 된 것은, 코자 아흐메드 야사위^{Khoja Ahmed Yasawi}가 이곳에서 생을 마감하면서부터다. 코자 아흐메드 야사위는 이슬람교 신비주의 분파인 수피즘의 지역 종파 창시자다. 투르키스탄을 점령했던 티무르 왕국의 티무르 칸이 이곳에 야사위의 영묘를 세우면서 성지로 여겨지기 시작했다.

1370년대에 중앙아시아의 새로운 지배자가 된 티무르는 메소포타미아, 이란, 트란스옥시아나를 아울러 통치했는데, 북쪽 국경 지역에 기념비적 공공 건축물과 모스크, 영묘, 마드라사 등의 종교 문화적 건축물을 정책적으로 건설했다. 야사위의 영묘도 그러한 건축물 중 하나인데, 티무르에게는 이슬람교를 전파하기 위해서이기도 했으나 수피즘을 이용해 스텝(중앙아시아 대초원) 지역 유목민들의 지지를 받으려는 정치적 목적도 깔려 있었다.

영묘의 건설은 1389~1399년에 시작해 티무르가 사망한 1405년에 일부 미완성인 채로 종결되었다. 하지만 미완성임에도 불구하고 티무르 시대의 건축물들 중 규모가 가장 크고 잘 보존되어 있는 것으로 유명하다. 실제로 영묘의 입구와 일부 실내 건축에 적용된 페르시아의 실험적인 건축 · 구조 공법은 훗날 티무르 제국의 수도 사마르칸트의 건설에도 적용되었다. 이러한 문화적 가치를 인정받아 2003년에는 카자흐스탄 최초로 야사위 영묘가 유네스코 세계문화유산으로 등록되었다.

영묘가 건설된 후 16~18세기에 투르키스탄은 중앙아시아 무슬림들에게 반드시 방문해야 하는 제2의 메카로 여겨졌다. 메카를 다녀온 이들 사이에서는 야사위가 '코자^{Khoja}(성자)'라 칭해졌고, 영묘도 신성하게 여겨졌다. 카자흐스탄의 무슬림들은 이 영묘를 3회 방문하면 메카를 1회 방문한 것과 동일하다고 간주할 만큼, 투르키스탄 지역은 종교적으로도 중요한 도시가 되었다. 이러한 배경으로 1991년 카자흐스탄 독립 후, 투르키스탄은 야사위 영묘로 인해 투르크 문화권의 영적靈的 중심 도시가 되었다. 2018년에는 카자흐스탄 대통령 칙령에 의해 '영적 역사적 수도'로 명명되며 남서부 지역의 새로운 중심이 되었다.

최근에는 아제르바이잔, 키르기스스탄, 터키, 우즈베키스탄, 투르크메니스탄, 헝가리 총리가 참석한 투르크어권 국가 협력위원회 정상회담이 이곳에서 준비될 정도로 투르크 문화권의 중심 도시로 발돋움하고 있다. 비록 코로나19 팬데믹으로 인해 회담은 온라인으로 진행되었지만, 참가국들은 투르키스탄을 투르크 문화권의 영적인 도시로 인정한다는 선언문 발표에 만장일치로 동의했다. 이를 계기로 카자흐스탄 토카예프 대통령은 투르키스탄에 투르크어권 국가를 위한 특별경제구역의 개설까지 제안했다.

케루엔 사라이 관광 단지

©Yakov Fedorov

'카자흐스탄의 베네치아' 케루엔 사라이 개장

2018년 6월, 카자흐스탄 남부 지역의 '남南 카자흐스탄' 주의 명칭이 '투르키스탄' 주로 변경되면서 투르키스탄은 투르키스탄 주의 주도로 승급되었다. 당시 카자흐스탄 정부는 투르키스탄 지역을 관광 산업의 중심지로 발전시킬 것이라는 계획안을 발표했다. 이후 중앙아시아 최대 역사유적 도시이며 무슬림의 성지 투르키스탄에 연일 새로운 변화의 바람이 불고 있다.

가장 대표적인 사례는 2021년 4월에 진행된 중앙아시아 지역 최대 규모의 복합 문화 관광 단지 '케루엔 사라이Keruen Sarai'의 개장이다. 일명 '카자흐스탄의 베네치아'라고 불리는 케루엔 사라이는 과거 실크로드 대상들의 쉼터였던 캐러밴서라이Caravanserai의 모습을 구현한 약 21ha(약 2만 1,000m²) 규모의 테마 관광 단지다.

낙타의 등에 물건을 싣고 동서양을 오갔던 캐러밴 대상들이 천년의 시간을 넘어 눈앞에서 걸어다닐 것만 같은 분위기의 거리를 비롯해 기마 유목민들의 문화를 보여주는 원형극장, 박물관, 도서관, 첨단 엔터테인먼트 체험관, 현대식 쇼핑몰과 부티크, 고급 호텔 2곳과 레스토랑, 영화관과 스파 센터, 피트니스 센터까지 관광객들을 위한 모든 시설들이 갖추어져 있다.

가장 눈길을 끄는 것은 이러한 시설물과 공간들이 수로를 통해 서로 연결되어 있어, 보트를 타고 다른 곳으로 이동할 수 있게 만들어졌다는 사실이다. 투르키스탄은 태양 볕이 작열하는 한여름에 기온이 40℃ 이상 올라가는 건조한 초원 지역이며, 사막의 오아시스였던 역사가 말해 주듯 물이 귀한 땅이다. 그럼에도 불구하고 관광 단지를 관통하는 거대한 수로를 중심으로 모든 시설을 이용할 수 있도록 조성되었다는 사실이 경이롭기까지 하다. 또한 수로를 따라 퍼레이드 공연이 가능하도록 설계했으며, 이탈리아의 베네치아처럼 수로에서 배를 타고 관광할 수 있는 상품도 운영하고 있다.

카자흐스탄 문화관광부의 발표에 따르면, 케루엔 사라이 건설로 약 4,000여 개의 영구적인 일자리가 창출되었다고 한다. 또한 관광객을 위한 유흥 시설뿐만 아니라 첨단 과학 센터와 도서관을 신설해 그곳에서 공연, 영상 제작 및 공유 오피스를 사용할 수 있도록 한 점도 주목할 부분이다. 이는 외부 관광객 유치에만 국한되지 않고 복합 문화 공간으로서 가능하며, 지역의 차세대들이 미래를 개척하고 구상할 수 있는 환경을 제공하려는 의지도 반영된 것이다.

카자흐스탄 관광의 중심 도시가 되기 위한 기반 구축

케루엔 사라이 개장을 계기로 투르키스탄을 관광 산업의 대표적인 거점으로 발전시키겠다는 카자흐스탄 정부의 의지는 더욱 속도를 내고 있다. 이미 정부의 적극적 지원과 민간 투자 활성화 덕분에 최근 몇 년간 현대적인 관광 시스템이 형성되었다. 일례로 라틴 알파벳으로 표기된 카자흐어 표지판과 함께 교통 기반 시설도 불편함 없이 정비되었다. 아울러 관광객들이 편리하게 이용할 수 있도록 멀티미디어 기술을 활용한 관광 안내 시스템도 제공되었다.

관광 인프라를 만들기 위한 노력도 적극적으로 병행되고 있다. 무엇보다도 튀르키예계 회사를 통해 905ha(905m^2) 규모의 하즈 렛 술탄Hazret Sultan, HSIA 국제공항이 건설되었다. HSIA 공항은 2019년 5월에 공사를 시작해 2020년에 완공되어 세계에서 가장 빨리 건설된 공항 시설로도 유명하다. 이후 비쉬켁, 이스탄불, 타슈켄트 등을 비롯해 국내외 직항 항공노선을 증편해 투르키스탄으로의 접근성을 높였다.

또한 관광객들을 위한 해외 브랜드의 고급 호텔들[1]이 들어섰으며, 해변 리조트[2]와 고급 빌라 등이 개관하면서 더 많은 관광객을 유치할 수 있게 되었다. 2020년 새롭게 개장한 샤가Shaga 해수욕장에는 호텔, 아쿠아파크, 어린이공원 조성도 이어지며 해양 테마파크로 거듭나고 있다.

문화, 스포츠 시설도 속속 들어서고 있다. 2.5km 길이의 워터 레이스 수로가 2022년 10월 완공되면서 해양 스포츠 관광의 초석이 될 것으로 보인다. 물이 귀한 만큼 이는 매우 획기적인 공사다. 향후 카누 선수 운동 경기장으로 사용되는 것은 물론 국제 올림픽을 대비한 해양 스포츠 관련 팀들의 연습 장소로 제공될 예정이다. 더 나아가 호텔, 자전거 길, 수영장, 야외 영화관 등도 들어설 계획이다.

---

1. 릭소스 투르키스탄Rixos Turkestan, 라마다 프라자Ramada Plaza, 쿤Kun, 카가나트Kaganat, 에미르 프라자Emir Plaza, 그랜드 벨라Grand Vella, 올림픽 호텔Olympic Hotel

2. 카이나르Kainar, 벡자트 백Bekzat bak, 잔다르벡Zhandarbek, 탑 리조트Top resort, 막삿Maksat

©Kerimovramil

국제공항

아울러 투르키스탄 관광 지구는 동쪽으로 200km 떨어진 쉼켄트와 우즈베키스탄 타슈켄트까지 3개의 도시를 연계할 수 있는 관광 상품을 위해 기반 시설을 보강하고 있다. 대표적으로 투르키스탄에서 우즈베키스탄 수도 타슈켄트까지 오가는 '투르키스탄-쉼켄트-타슈켄트Turkestan-Shymkent-Tashkent 고속철도'가 2024년 완공을 목표로 착공했다. 260km 길이의 이 고속철도 건설로 인해 인근 지역의 관광객 유입이 대폭 증가할 것으로 기대된다. 카자흐스탄 아스카르 마민Askar Mamin 총리는 이 프로젝트로 인해 관광 분야에 2만 2,000개의 새로운 작업장과 관련 산업 분야에 10만 개의 새로운 일자리를 창출할 것이라고 언급했다.

투르키스탄 개발 계획은 2025년까지 진행될 예정이다. 이미 2019년부터 2022년 11월까지 약 200만 명의 관광객이 투르키스탄을 방문했으며, 2021년에는 9개월간 124만 7,265명이 찾아와 방문자 수가 2020년 동 기간(25만 3,225명) 대비 555% 성장한 것으로 파악되었다. 모든 계획이 완공되는 시점에는 관광객이 현재보다 5배 이상 증가할 것으로 기대하고 있다.

역사유적문화 도시의 조화로운 개발

카자흐스탄은 사회 문화 각 분야에서의 기반 조성에 박차를 가하며 관광 산업에 대한 투자를 이어가고 있다. 카자흐스탄 정부의 관광 산업 발전 전략에는 기존 자원 위주의 성장 전략에서 한발 나아가 지속 가능한 성장 동력인 관광 산업을 집중 육성하려는 비전이 담겨 있다. 외부에서 유입되는 관광객을 통한 수입뿐만 아니라, 이러한 경제 활동이 지역 사회에 주는 영향과 해당 지역의 민족 정체성을 유지할 수 있는 부분까지 염두에 두고 있는 것이다. 이는 관광객과 지역 주민들이 시너지 효과를 같이 누릴 수 있다는 점에서 실질적으로 지속 가능한 관광 산업과 연관성이 깊다고 볼 수 있다.

특히 역사 문화 및 생태 문화 체험을 통한 관광 산업 육성에 주목해 관련 관광 상품 개발을 적극적으로 추진 중이다. 투르키스탄도 카자흐인들의 영적 도시로서 카자흐 민족 문화를 잘 표현할 수 있는 역사 문화 요소를 기반으로 활용하고 있다. 실제로 거대한 관광 단지 케루엔 사라이가 위치한 곳은 유네스코 세계문화유산이자 투르크 민족들의 영적 문화 공간인 코자 아흐메드 야사위의 영묘 앞이다. 관광객들이 코자 아흐메드 야사위 영묘를 돌아본 후 다양한 볼거리와 쇼핑, 휴식 공간을 이용할 수 있도록 연계에 중점을 둔 것으로 보인다.

또한 영묘의 종교적 관점에 의존해 왔던 시각에서 벗어나, 21세기 관광 개발의 핵심인 지역 특수성을 기반으로 한 지역 관광 개발에 힘을 싣고 있다. 이러한 역사와 문화 관광 개발은 카자흐스탄 관광 산업의 잠재력과 가치를 더욱 드높일 것이다.

역사 문화 유적을 기반으로 하는 관광 사업은 분명 매력적이지만 단순히 볼거리로만 소비되는 단발적인 프로그램 개발은 발전에 한계가 있다. 지역 주민들의 삶을 향상시킬 수 있는 인프라를 확충하고, 역사 문화 유적을 특색 있는 관광 상품으로 전환하는 안목과 관광 테마를 개발하는 장기적인 계획이 더해진다면 지속 가능한 관광 사업을 이룰 수 있을 것이다.

'어머니의 바다'를 따라
유목민 생활 속으로

몽골
울란바토르 지사

몽골, 드넓은 호수와
유목민 생활 탐방

대자연의 나라 몽골도 빠른 속도로 변화하고 있다. 수도인 울란바토르는 고층 빌딩들이 즐비하고 밤에는 화려한 불빛이 별빛보다 눈부시게 도시를 밝히는 반면, 스모그로 몸살을 앓기도 한다. 세계 19위 면적의 넓은 땅에 매장된 엄청난 자원을 기반으로 급속한 경제 발전을 이루며, 교육과 취업을 위해 많은 사람들이 울란바토르로 몰려들고 있다.

그럼에도 불구하고 몽골은 야생의 원시 자연과 고유의 문화를 고스란히 간직한 곳들이 많다. 총인구 340만 명 중 울란바토르에 사는 160만 명을 제외하고는 대부분 초원을 찾아 양, 소, 말, 염소 등을 키우며 유목 생활을 하고 있다. 드넓은 초원, 별이 쏟아지는 밤하늘, 게르에서의 하룻밤…, 우주여행이 현실이 된 21세기에도 몽골에서는 여전히 야생과 자연에 더 가까운 삶이 유지되고 있다.

그중에서도 몽골 북서부에 위치한 홉스골Khuvsgul은 몽골 고유의 문화와 야생의 원시 자연을 고스란히 누리고 있는 곳이다. 홉스골 지역은 변해 가는 몽골의 도시화 속에서도 변함없는 대자연의 신비로움을 경험할 수 있어 '몽골의 스위스'로 불린다. 문명과 거리가 먼 홉스골까지 과연 사람들이 불편함을 감수하고 찾아가는 것은 무엇 때문일까.

홉스골 호수 근처의 호텔

몽골의 스위스, 푸른 진주 홉스골 호수

올란바토르에서 약 800km 떨어진 홉스골 아이막Aimag은 몽골의 대표적인 자연 관광지 중 하나로 러시아 연방과 북쪽으로 접해 있는 지역이다. 청명하게 맑은 호수, 300여 개의 지류가 흐르는 강, 키 큰 침엽수가 빽빽하게 들어선 타이가(침엽수림)가 있는 땅으로 몽골에서 가장 아름다운 장소 중 하나로 꼽힌다. 총면적 10만km²로 몽골의 21개 도 중 여섯 번째로 큰 지역이며, 도청 소재지 무릉Mörön을 중심으로 총 인구 14만여 명이 살고 있다.

바로 이곳에 몽골인이 사랑하는 보물, '홉스골 호수Khovsgol Nuur'가 있다. 무릉에서 100km 북쪽, 러시아의 부리아트 공화국과 접경 지역인 타이가 산림 지대에 자리한 홉스골 호수는 사이안Sayan Nuruu 산맥의 해발 1,645m 높이에 있는 고지대 호수다. 전체 면적이 제주도 1.5배 정도인 2,760km²로 호수 안에 1,833km² 면적의 제주도가 들어가고도 남는 크기다. 둘레가 400km에 달하며 최대 길이는 136km, 최대 너비는 36.5km, 최대 수심은 267m, 평균 수심은 138m다. 바다가 없는 내륙인 몽골에서 홉스골 호수는 바다라고 불릴 만하다. 홉스골 호수는 몽골에서 두 번째로 큰 호수이며, 담수호 중에서는 가장 크다.

홉스골 호수는 200만 년 전부터 존재한 세계 17개 고대 호수 중 하나일 뿐만 아니라 바이칼 호수에 이어 아시아에서 두 번째로 큰 수자원이다. 몽골 표층수의 74.6%, 전 세계 담수의 0.4%를 차지한다. 수정처럼 맑은 물과 깨끗한 환경으로 인해 호수 이름은 '파란 물'을 뜻하는데, 몽골인들은 호수 바닥에 푸른 보석이 숨어 있다고 해 '푸른 진주'라고 부른다.

홉스골 호수

홉스골 호수가 현지인들에게 특히 중요하게 여겨지는 이유는 세계에서 가장 깨끗한 호수로 유명한 러시아 바이칼 호수의 상류이기 때문이다. 바이칼 호수는 러시아 부리아트 공화국에 속해 있지만 몽골인을 포함한 중앙아시아의 여러 유목민족들에게 오래도록 신성한 곳이었고, 지금도 샤먼들의 성지로 여겨지는 곳이다. 이토록 신성한 호수의 상류가 바로 홉스골 호수이기 때문에 예로부터 홉스골 호수는 '어머니의 바다'라고 불렸다. 무려 1,500km를 돌아 바이칼로 흘러들어 가는데 현지인들은 바이칼 호수와 홉스골을 함께 묶어서 '자매 호수'라고도 한다.

이처럼 아름다운 호수를 찾아온 여행자들은 대부분 호수의 서쪽 장하이 Jankhai를 걸으며 깨끗한 호수를 감상하고, 잔잔한 파도 소리와 투명한 호수의 물

©Sane Sodbayar

빛에 한껏 취한다. 또 호수의 명물인 야생화 군락지를 감상하기 위해 몽골 말을
타고 하샤 산Khyasaa Uul에 오른다. 산 정상에서 몽골인들의 신성한 돌탑 오보Ovoo를
만나고 거대한 홉스골 호수를 눈에 담는 것도 호수를 즐기는 코스 중 하나다. 이
외에 낚시와 유람선을 타고 바다 같은 호수를 유람하고, 트레킹을 즐기기도 한
다. 승마 체험, ATV 체험과 다양한 수중 액티비티를 즐기며 자유로움을 만끽한
다. 카약을 타고 무인도 모돈후이Modon Khuis 탐방을 나갈 수도 있다. 홉스골 호수
의 천혜의 자연은 야생 생태의 보고이기도 해, 200종이 넘는 조류와 순록, 산양,
곰, 늑대 등의 야생동물이 서식하고 있다. 호수의 서쪽에서는 매우 희귀한 식물
20종 이상을 볼 수 있다. 숲과 산의 길은 말들도 힘들어할 만큼 험하지만, 그만
큼의 순수한 아름다움을 간직하고 있다.

순록을 쫓는 사람들, 세계 유일의 부족 '차탕'

홉스골 여행에서 빠트릴 수 없는 것이 소수 민족 '차탕Tsaatan'을 만나는 일이다. 차탕은 타이가 산림 지대에 살고 있는 산악 유목민들이다. 몽골어로 '차tsaa'는 '순록'을 뜻하며, '탕tan'은 '따라다니는 사람들', 즉 '순록을 따라다니는 사람들'이라는 뜻이다. 보통 유목민은 가축을 자신들의 의도에 따라 몰고 다니며 이동한다. 하지만 차탕족은 반* 야생, 반 가축 상태의 순록을 사람들이 따라다니는 형태의 유목 생활을 유지하고 있다. 순록이 먹이를 찾아 이동하면 사람들은 천막을 걷고 짐을 싸서 순록의 이동에 따라 움직이는 가장 원형적인 형태로 유목을 하는 민족이다.

차탕은 불과 200년 전에 몽골 역사에 처음 기록되었다. 역사가들은 차탕이 시베리아에 거주하는 러시아연방 투바공화국 민족의 일부로 투바Tuva에서 이주해 홉스골 타이가Khuvsgul taiga에 정착했다고 믿는다. 그 추측을 뒷받침하듯 차탕족은 고유 언어인 투바어(위구르어)와 몽골어를 구사한다. 현재 홉스골 지역 중심지에서 350km 떨어진 곳인 차간누르Tsagaannuur 군에 399명의 차탕 유목민들이 630여 마리 정도의 순록을 기르며, 차탕 부족만의 관습, 종교, 독특한 전통 문화와 생활 방식을 유지하며 살고 있다. 홉스골 지역에 있는 이들이 전 세계에서 마지막으로 남은 유일한 차탕 부족이다.

몽골 차탕 부족의 순록

차탕 부족

순록은 따뜻한 온도보다 영하 31~50℃의 혹독한 기후에서 바람을 맞으며 풀을 뜯는 추운 고지대에 더 잘 적응한다. 한여름이라 하더라도 1m 아래는 꽁꽁 얼어붙은 땅 고산 툰드라 지대에서 생활한다. 이런 순록이 차탕 부족 유목민들에게는 생계의 근원이다. 차탕 부족은 순록을 사육하고 순록의 젖과 가죽과 고기를 활용하지만, 오직 늙은 순록만을 골라 생존을 위한 최소한의 식량으로 삼아 공존하며 살아간다.

2021년 기준 타이가에 있는 전체 순록 수는 2,450마리인데, 한때 독일의 한 제약회사가 순록의 뿔을 대량으로 구입하고 중국 상인들도 한약재로 순록의 뿔을 거두어 가며 수난을 겪기도 했다. 뿔 잘린 수컷은 생식 기능이 떨어져 암컷을 임신시키지 못한다. 그로 인해 순록의 개체 수가 현격하게 줄어들었고, 이제 차탕족은 순록의 뿔을 자르지 않는다.

차탕족은 원통형 뿔 모양의 집 '오르츠Urts'를 짓고 산다. 통나무를 얼기설기 기둥으로 둘러 세워 그 위에 천을 덮은 집으로, 원래는 순록 가죽으로 덮었다고 한다. 지금은 천과 가죽 등으로 덮고 있다. 외형이 되는 뼈대는 타이가 지대에 흔한 나무를 수직으로 세워서 집을 짓고, 해체하는 데 편리한 구조를 유지하고 있다.

관광객에게 특별한 경험을 선물하는 유목민 체험

수천, 수만 년 이어온 차탕 유목민의 생활을 탐방하는 것은 홉스골 지역의 대표 관광 코스 중 하나다. 때문에 말과 자동차를 타고 멀고도 힘든 길을 거쳐 관광객들은 차탕 부족 마을에 도착한다.

차탕 부족은 그들의 일상생활과 전통문화를 탐방하기 위해 찾아온 관광객들에게 자신들의 유목생활을 보여 준다. 자신들의 오르츠에 초대해 관광객들에게 갓 짜낸 순록 우유와 홍찻잎을 넣은 특별한 수테차Suutei Tsai를 대접하는데, 수테차는 우유에 차와 소금을 섞은 몽골식 '우유소금차'라고 할 수 있다. 관광객들은 순록 고기와 차이브 꽃Chives Flower을 넣은 몽골 고기국수 '구릴타슐Guriltai Shul' 등으로 식사도 대접받는다. 또 차탕족의 어린이가 부르는 전통 민요도 감상하고 순록과 사진을 찍으며 차탕족과의 특별한 추억을 남긴다. 차탕 유목민들의 종교인 샤머니즘 문화도 만나 볼 수 있다.

차탕 축제 ©https://khovsgol.gov.mn/tour/d/event-tsaatan/51

하이라이트는 차탕 부족의 전통 가옥 오르츠에서 하룻밤 투숙하는 것이다. 초원의 게르와는 다르지만 혹한을 피해 고지대 툰드라에서 보내는 하룻밤은 그 어느 곳보다 특별한 시간이 될 수밖에 없다. 원하는 이들은 일주일씩 머물며 유목 생활을 좀 더 가까이 체험하기도 한다. 남다른 경험을 찾는 여행자들에게 차탕 부족 탐방은 매우 특별한 관광이 될 것이다.

축제를 통해서도 차탕 부족의 문화를 간접 체험해 볼 수 있다. 매년 7월 초에 개최되는 '차탕 축제Tsaatan Festival'에서는 차탕족의 독특한 문화와 풍습, 차탕 무당의 전통을 체험해 볼 수 있다. 이외에 여름철에만 짧게 열리는 차탕족 시장에서 순록으로 만든 다양한 공예품을 구경하고 홉스골 호수를 닮은 특별한 기념품을 구입할 수도 있다.

매년 겨울에는 '순록과 겨울' 대형 축제가 개최되어 차탕 문화를 비롯해 순록 썰매도 체험할 수 있다. 3월 초에는 꽁꽁 얼어붙은 홉스골 호수에서 얼음 축제도 열린다. 현지 주민들과 차탕 유목민들이 모여 얼음 위에서 펼치는 씨름 경기, 말썰매 경주, 스케이트 경주, 줄다리기 등 다양한 행사가 진행되며, 현지 인들과 몽골 전통놀이도 즐길 수 있다. 또 현지에서 제작되는 기념품들과 공예품을 구입할 수 있으며, 말 썰매를 타거나 얼음 마을도 구경할 수 있다.

이처럼 신비롭고 아름다운 대자연을 만나기 위해 매년 9만 명 이상의 내국인 관광객과 2만 명 이상의 외국인 관광객들이 홉스골을 찾아오고 있다. 관광객이 증가하면서 지역 주민들의 1인당 총생산액이 증가세를 유지 중이다. 2021년 기준 지역 총생산 827억 투그릭(약 350억 원, 전년 대비 20.3% 증가)의 수입을 기록했다고 한다.

불편함이 장점이 되는 여행, 아름다운 공존을 위한 과제

몽골도 도시로 인구가 유입되는 현상을 막을 수는 없다. 하지만 여전히 선조로부터 물려받은 유목의 가치를 보존하며 살아가는 사람도 많다. 그중에서도 차탕족은 특별하다. 순록과 삶을 함께 이어온 차탕족도 현대화의 물결 속에 인구가 급격히 줄어들고 있지만, 여전히 자신들의 전통과 고유 문화를 간직하고 전통 방식대로 타이가 숲을 지키고 있다. 그리고 전통 유목 생활을 보호하기 위해 순록을 키우며 살아온 차탕 유목민들은 그들의 삶 자체가 전통 문화 유산이자 관광 자원이 되었다.

한편 아름다운 홉스골에서도 쓰레기 문제나 차탕족의 생활이 흔들릴 것을 우려하는 목소리가 있다. 관광객이 독특한 삶을 체험하는 것도 좋지만, 현지인들의 삶에 방해가 되지 않고 전통이 더 오래 유지되도록 거리를 두는 자세도 필요하다. 생태 관광은 친환경뿐만 아니라 지역민들의 삶을 배려하고 이해하는 자세가 우선되어야 한다는 점에서 아름다운 공존이란 함께 풀어 나가야 할 모두의 과제다.

술 익는 마을,
가시마 사카구라 투어리즘

| 일본
후쿠오카 지사 | 전통주 양조장을 활용한 지역 관광 진흥
가시마 사카구라 거리 |

해마다 벚꽃 흐드러지는 3월이면 일본 후쿠오카 사가현佐賀県의 가시마鹿島市 사카구라 거리에는 달큰한 향기가 진동을 한다. 겨울에 담근 햇술이 나오는 시기이기 때문이다. 이 시기에 맞춰 가시마에서는 '가시마 사카구라(양조장) 투어리즘'이 열린다. 수백 년 된 양조장들이 문을 활짝 열고 꽃향기를 닮은 햇술을 소개하기 위해서다.

이틀간 열리는 이 축제는 지역의 양조장 6곳을 활용한 이벤트로, 양조장 제조 시설과 제조 과정을 비롯해 고색창연한 양조 역사를 아낌없이 공개한다. 여기에 깊은 풍미의 술 한잔이 더해지니 향기에 취하고 술맛에 취한 전국의 주객들이 축제 기간 중 앞다투어 마을을 찾는다. 이렇게 작은 소도시에 사람들이 모이다 보니 지역의 사람들이 머물 수 있는 일거리도 경제적 수익과 부가가치까지 알차게 만들어 내고 있다.

하지만 단순히 축제와 술 때문에 사람들이 모여드는 것은 아니다. 오래된 건물이 노후된 채 방치되었던 양조장 거리가 문화를 품은 매력적인 골목길로 재조명 받게 된 데는 이 도시의 관광 산업 관계자들과 수백 년간 전통주를 만들어 온 양조장, 그리고 가시마의 노력이 더해졌기 때문이다. 이들은 과연 어떻게 시간이 멈춰 있던 거리를 들썩이는 축제의 현장으로 만들었는지, 사가현 가시마의 전통주 양조장을 활용한 지역 관광 진흥 사례를 살펴본다.

©가시마시 관광협회 ©가시마시 관광협회

가시마 사카구라 투어리즘

전통 술의 거리 히젠하마슈쿠의 위기

일본 사가현 남서쪽에 위치한 가시마는 동쪽으로 규슈 최대의 갯벌이 있는 아리아케 해를 접하고 넓은 평야와 골 깊은 산을 품고 있다. 이런 토양에서 생산된 좋은 물과 쌀을 활용해 수백 년 전부터 양조업이 번성했으며, 이곳에서 주조한 사케(일본식 청주)는 전국적으로 명성을 드높였다.

바로 가시마 북동부 히젠하마역 앞에 있는 히젠하마슈쿠肥前浜宿 거리가 그 명성의 중심에 있는 술 빚는 마을이다. 히젠하마슈쿠는 무로마치 시대(1336~1573)부터 긴 세월 동안 양조업을 중심으로 발전한 지역으로 통칭 '사카구라(양조장) 거리酒蔵通り'로 불린다. 히젠하마슈쿠 거리는 사카구라 거리 외에 '가야부키(초가) 거리茅葺の町並み'도 연결되어 있다.

오래 묵은 술처럼 오랜 시간의 흔적이 깃든 양조장 거리는 히젠미네마츠 주조장을 시작으로 500m 남짓한 좁은 길 양쪽에 6개의 양조장이 자리하고 있다. 이들 양조장에서는 풍미 가득한 사케와 쇼츄(일본식 소주)를 선보이고 있다. 특히 이곳에서는 마을을 관통해 흐르는 하마가와浜川의 물을 사용해 술을 빚는데, 술맛은 물맛이 중요하다는 것을 입증하듯 술에서 은은한 단맛이 나는 것이 특징이다. 그 맛이 일본 내에서도 전국적으로 유명해 사가현을 대표하는 사케 생산지로 알려져 왔다.

히젠하마슈쿠는 에도 시대부터 역참驛站 마을로서 기능하며 서양 문화를 일본 본토로 전달하는 주요 통로였다. 옛 상인들이 살던 초가집이나 양조장 등 고풍스러운 일본 전통식 가옥이 늘어서 있어 역사적 가치도 높은 지역이다.

그러나 고도경제 성장기에 도시로 사람들이 빠져나가면서 인구 감소가 시작되었다. 2002년부터는 사망자 수가 출생자 수를 웃도는 '자연 감소' 현상이 발생했고, 청년 유출, 노동인구 감소, 산업 쇠퇴와 함께 빈 집의 증가가 가시화되었다. 그 여파로 히젠하마슈쿠 거리에 남아 있는 전통적인 건축물의 노후화와 후계자 부재 등의 문제가 발생하며 지역의 과제로 이어졌다.

©가시마시 관광협회

히젠하마슈쿠의 전통 가옥

가시마 사카구라 투어리즘과 전통 건축물로 활력 회복

　　지역의 소멸 위기를 극복하기 위해 가시마는 적극적이고도 다양한 방안들을 모색했다. 먼저 히젠하마슈쿠의 경관을 보존하고 노후된 건축물을 지역의 관광 콘텐츠로 활용해 사람들이 모이는 지역으로 만들기 위해 '국가 중요 전통적 건축물 보존 지구重要伝統的建造物群保存地区' 선정을 목표로 한 정비 사업을 개시했다. 그 일환으로 '히젠하마슈쿠 물과 경관 모임'을 발족했고 '히젠하마슈쿠 마을 조성 협의회'를 설립했다.

히젠하마슈쿠의 전통 가옥

이런 협력을 통해 건축 기준법의 규제를 완화하고 역사적 건축물 30동 이상을 복구했으며, 역사적 건축물로의 이주 등 거리를 대대적으로 정비했다. 이렇게 복구된 옛 모습을 간직한 흰 벽들은 거리의 대표적인 모습이 되었고 사진 촬영 명소로도 인기가 높아졌다. 그 결과, 2005년 '전국 걷고 싶어지는 길 500선', '사가의 아름다운 풍경'에 선정되었으며, 2006년에는 히젠하마슈쿠의 사카구라 거리와 가야부키 거리가 모두 '국가 중요 전통적 건축물 보존 지구'로 지정되었다. 한편으로는 '히젠하마슈쿠 꽃과 술 축제', '사카구라 콘서트' 등의 지역 행사를 개최해 사람들의 이목을 집중시켜 나갔다.

그러던 중 2011년에 지역 양조장 후쿠치요주조富久千代酒造의 나베시마 다이긴조鍋島 大吟醸가 세계적으로 권위 있는 품평회 인터내셔널 와인 챌린지IWC '일본 청주 부문'에서 최고상인 '챔피언 사케'를 수상하는 쾌거를 이루어 냈다. 이를 계기로 지역 내 6개의 양조장이 힘을 모아 '가시마 사카구라 투어리즘 추진협의회'를 설립했다. 전통 양조 문화와 술 창고, 술을 활용한 지역 활성화를 목표로 가시마의 사케도 와인처럼 전 세계에서 찾아오는 관광 콘텐츠로 만들기 위해서였다.

가시마의 술과 거리를 알리는 첫 작업으로 2012년 3월에 '가시마 사카구라 투어리즘' 축제를 열었다. 지금까지 따로 개최하던 '꽃과 술 축제', '발효 축제' 등과 제휴해 시내 6곳의 양조장을 동시 개방하는 축제를 개최한 것이다. 사케 만드는 과정을 직접 보고 갓 나온 술을 시음할 수 있는 양조장 견학, 사케 바, 스탬프 랠리 등의 프로그램은 큰 반향을 일으켰다. 특히 옛 모습을 간직한 양조장 거리의 운치 있는 분위기가 어우러져 더욱 화제가 되었다.

첫 축제 때는 가시마의 인구와 비슷한 3만여 명이 방문해, 전통주 구매율 90% 이상이라는 경제적 성과를 냈다. 2013년 제2회 때는 '마치나카 박물관', '유토쿠몬 마에하루 축제' 등과 제휴해 약 5만 명이 마을을 방문했다. 또 2015년 제4회부터는 인접 지역인 우레시노의 3개 주조장에서 주최하던 '우레시노 온천 주조 축제'와 공동으로 개최해 술을 테마로 한 축제 지역을 확장해 나갔다.

이처럼 축제가 다채롭게 확장되면서 전국적으로 소문이 나 2019년에는 불과 2일간 약 10만 명이 방문했다. 이로 인해 도시에 활력이 살아나고 경제 효과도 커졌다[1]. 이후 가시마 관광추진협의회는 지역의 대표 사업인 '사카구라 투어리즘'을 상표로 등록하고 '가시마=사케'라는 이미지 정착에 힘쓰고 있다. 또한 '사카구라 투어리즘의 선구자', '세계 최고의 술이 탄생한 동네'로 미디어에 노출함으로써 가시마의 인지도 향상에도 기여했다. 이러한 노력의 결과로 2018년 관광청 관광 지역 만들기 사례집 《굿 프랙티스》에 게재되었고, 2020년 1월에 가시마 관광추진협의회는 총무성으로부터 '좋은 고향 만들기 대상'에서 최우수상을 수상했다.

---

1. 2020~2022년은 코로나19 팬데믹으로 인해 축제가 중지되었다.

옛 모습을 간직한 히젠하마슈큐 거리

마을 경관 정비 사업과 고택 숙박으로 지역 활성화

도시에 활력을 되찾은 성과는 축제만으로 이루어 낸 것은 아니다. 가시마 관광추진협의회는 오래된 양조장과 초가 등이 많이 남아 있는 히젠하마슈쿠 거리의 역사적 가치에 주목했다. 전통적 건축물 보존 지구로 지정되었다 해도 건물의 노후화는 진행된다. 이렇게 노후된 건물이 제대로 보존되지 않은 채 자리만 지키고 있다면, 그 가치는 빛을 바래게 마련이다.

이런 점에 주목해 진행한 대표적인 작업이 바로 1780년대에 세워진 지역 최대 전통 건축물로 간장과 된장을 제조하던 미야도쿠 토미 치요 구상가를 '오베르

©가시마시 관광협회

히젠하마역

쥬(숙박할 수 있는 레스토랑)'로 재생한 것이다. 전통 건축물인 초가지붕은 전문 장인에게 의뢰해 본래의 모습을 재현하고, 한때 간장과 된장 제조의 잔재인 벽돌 굴뚝도 시대의 유산으로 보존하고 있다. 이처럼 마을의 전통 경관과 역사적 가치를 지키면서 미래의 관광과 연결해 나가기 위한 시도를 다양하게 이어갔다.

　　또한 가시마에 숙박 시설이 현저히 부족함을 인지하고 관광객이 체류할 수 있도록 빈집이 된 전통 건물을 숙박 공간으로 활용하는 방안을 마련했다. 2018년 1월에 ㈜히젠하마슈쿠 마을조성공사를 설립, 전통 건축 주택의 이주체험 시설, 게스트하우스, 후쿠치요 주조의 '오베르주 후쿠치요', '소안나베시마'를 연달아 열어 숙박 시설 부족을 해소했다. 특히 2022년 1월에는 'JR 규슈'가 규슈 각 현에서 전개하는 고민가古民家 숙박 시설 제1호, '아카네사스 히젠하마슈쿠'도 문을 열었다. 히젠하마슈쿠의 첫 아카네사스는 건축된 지 약 100년이 넘는 우아한 고택에서의 특별한 휴가를 콘셉트로 하고 있다. 고택을 활용한 숙박 시설 재생을 통해 아름다운 고택에서의 휴식과 양조장 견학, 술 만들기 체험을 함께 즐길 수 있는 프로그램을 선보인다.

　　이렇듯 특색 있는 마을 경관 조성이 인정을 받아 '2016년 국토교통성 수제 향토상', '아름다운 나라 만들기 경관 대상', '일본 유네스코협회연맹 미래 유산 2016 등록', '2017 정부 내각부 지역이 윤택해지는 마을 조성 활동 사례집 지역 챌린지 100'에 선정되었다. 전통적이고 아름다운 마을 경관을 통해 지역의 대표행사인 가시마 사카구라 투어리즘과 함께 가시마 인구감소 억제와 관광 활성화에 큰 역할을 하고 있다. 시 정부도 지역 전통주와 지역의 문화, 역사를 국내외에 홍보함과 동시에, 양조장뿐 아니라 가시마 지역 전체를 관광지로 활성화하기 위해 다양한 시책을 추진 중이다.

지역만의 강점을 살릴 수 있는 지역 콘텐츠 개발

　　가시마에서는 관광객들이 거리를 돌며 관람할 수 있는 관광 코스 시스템을 구축해 축제 기간이 아니라도 항상 사람들이 거리를 찾도록 하고 있다. 그러기 위해 해외 관광객을 수용할 수 있도록 가이드북을 다언어로 제작하고 외국어 안내 표기 등의 사업도 추진했다. 또한 가시마 사카구라 투어리즘 추진협의회가 독자적으로 육성한 양조장 가이드가 동행하는 양조장 산책 투어(6개 양조장의 사케 체험, 양조장 견학, 술 만들기 체험 등)도 운영하고 있다.

가시마 사카구라 투어리즘의 사례를 보면 지역만의 독특한 강점을 살릴 수 있는 콘텐츠 개발과 더불어 이를 뒷받침하는 자체적인 노력이 함께 진행되어야 한다는 것을 알 수 있다. 일본은 전국적으로 1,500개 이상의 양조장이 있는 술의 나라다. 그중에도 가시마 사카구라 투어리즘은 로컬 콘텐츠로 지역 활성화에 성공한 사례로 꼽힌다. 지역의 노후화된 역사적 건축물의 복원을 통해 거리를 조성하고, 그 지역을 무대로 현지 양조장과 사케에 부가가치를 부여해 '사카구라 투어리즘'이라는 관광 콘텐츠를 육성함으로써 지역 소멸에 대응하는 지역 관광 활성화의 대표 사례로 다른 지역의 모범이 되고 있다. 특히 가시마에서 처음 시작한 '사카구라 투어리즘'이라는 표현과 관광 콘텐츠로서의 개념은 이제 일본 전역의 양조장 투어에 활용되고 있다.

최근 여행자들은 건축, 서점, 맛, 미술 등 한 가지 주제에 탐닉하는 경향이 두드러진다. 나만의 '체험'에 집중하는 것이다. 지역의 독특한 콘텐츠가 이러한 여행자의 체험 욕구를 충족시킬 수 있다면, 무한한 성장 가능성이 있을 것이다.

히젠하마슈쿠에는 사카구라(양조장) 거리酒蔵通り만이 아니라 가야부키(초가) 거리茅葺の町並み도 있다. 에도 시대부터 상인이나 선원. 대장장이와 목수 등이 사는 지역으로 좁은 골목을 따라 초가가 밀집되고 활기가 넘치던 곳이다. 거리 옆을 흐르는 하마가와는 아리아케 해에 연결되어, 현재도 많은 어부가 살고 있으며 하구에는 배가 줄지어 있다. 이곳 역시 역사적으로 가치가 있는 지역으로서 인정받아 사카구라 거리와 함께 '국가 중요 전통적 건축물 보존 지구'에 선정되어 있다. 이 중에서도 '구 노리타케 가 주택旧乗田家住宅'은 에도 시대 후반에 지어진 2층 저택으로 거대한 초가 지붕이 특징이다. 무사이면서도 농업에 종사하는 재향 무사의 생활상을 전하는 무가 저택으로서 시에서 중요 문화재로 지정되었다. 안은 넓은 땅과 다다미로 구성된 구식 민가이며 자유롭게 견학할 수 있다.

사카구라 거리와는 분위기가 사뭇 다르기 때문에 히젠하마슈쿠를 방문할 때는 두 거리의 서로 다른 분위기를 한번에 만끽할 수 있다. 특히 초가 지붕의 민가 3채가 나란히 늘어서 있는 장소는 인기 스폿이다.

자연의 대변신,
복합휴양지로 가치 향상

중국
광저우 지사

광저우, 자연 자원 백수채를
복합 휴양지로 개발

시간이 흘러도 변하지 않아 좋은 것들이 있는가 하면, 변해야만 가치가 높아지고 박수갈채를 받는 것도 있다. 그런 점에서 관광 자원이나 명소도 변화를 필요로 하는 시점이 있다. 자연의 훼손을 방지하고 보존하면서 가치를 드높이고 접근성을 높이는 등 사람들을 불러모을 이슈가 있어야만 재조명 받고 지속적인 생명력을 가질 수 있다.

중국 광동성^{广东省} 광저우시^{广州市} 증성구^{增城区} 백수채^{白水寨}는 오랫동안 그 가치를 제대로 인정받지 못했다. 백수채가 가지고 있던 자원을 발전과 개발의 이름으로 빼앗긴 탓이었다. 하지만 잃어버린 자원을 복구하고 복합 휴양지로 개발되면서 지속 가능한 관광이라는 생명력을 되찾았다. 백수채는 그 놀라운 변화를 통해 자연 자원의 대변신도 때로는 필요한 것임을, 아니 무조건적인 변화와 개발이 아니라 그 가치를 높이는 것에 변화의 방향이 뚜렷해야함을 증명하고 있다.

백수채 전경

유명 관광지 백수채, 잃어버린 폭포를 되찾다

증성구 북부의 파이탄진派潭鎭[1] 난쿤 산맥 산악 지구에 위치한 백수채는 언제나 많은 관광객들로 북적인다. 백수채 공원을 찾은 사람들은 산을 오르며 등산을 즐기고, 물놀이 등 레저를 즐기며 휴양과 캠핑을 하는 등 제각각 다양한 테마와 스타일로 관광의 즐거움을 누린다.

높고 곧게 뻗은 봉우리의 백수채 능선에서는 일상에서 지친 마음과 몸에 치유와 회복을 줄 수 있는 하이킹을 즐길 수 있다. 등산 코스는 9,999개의 돌계단을 걸어 오를 수도 있고, 친수성 나무판자길로 걸을 수도 있다. 나무가 우거진 숲과 아름다운 풍광을 한껏 누리며 하이킹을 즐길 수 있는 생태 레저 휴양지 백수채는 국가 AAAA급[2] 관광 명승지다. 200km^2 면적의 규모에 폭포, 산악, 온천, 농촌 등 다채로운 관광 자원을 보유하고 있다.

특히 백수채에서도 사람들이 가장 기대하며 몰려드는 명소는 '백수선 폭포白水仙瀑'다. 무려 428.5m의 높이로 중국에서 낙차가 가장 큰 폭포로 알려져 있다. 산을 오르는 내내 산꼭대기부터 쏟아져 내리는 풍부한 수량의 폭포가 이정표처럼 보이고 웅장한 폭포 소리가 멀리서도 들려온다. 이 폭포물이 흐르는 계

---

1. 진鎭:중국 지방 행정 단위. 백수채의 소재지 파이탄진은 광동성 광저우 증성구에 소속되어 있다.

2. 관광지 등급: 관광 자원에 A, AA, AAA, AAAA, AAAAA로 등급을 부여하는 방법이다(최상은 AAAAA급).

곡도 매우 가파르고 물살도 굉장히 센 것으로 유명하다.

그런데 이처럼 많은 이들이 즐겨 찾는 백수선 폭포의 웅장한 경치를 한동안 볼 수 없었다. 1980년대에 백수채에 발전소를 건설해 발전용 수원으로 사용함에 따라 백수선 폭포의 유량이 크게 줄었기 때문이다.

백수선 폭포가 옛모습을 잃고 파괴되어 가는 모습을 안타까워하던 사진 애호가들이 정부에 폭포를 복원하자는 제안을 했다. 시민들의 요구가 빗발치자 결국 증성구 정부는 폭포의 수려한 경치를 복원하기로 결정했다.

증성구 정부는 세계적으로 유명한 황과수 폭포黄果树瀑布[3]의 개발 사례를 참고해 밤에는 폭포의 원천인 상류 저수지를 이용하고, 낮에는 기세가 뛰어난 폭포를 볼 수 있도록 백수채를 복원했다.

백수선 폭포

---

3. 황과수폭포黄果树瀑布: 중국 구이저우성 안순贵州省安顺市에 위치한 세계 유명한 폭포 중 하나다. 폭포의 높이는 77.8m, 폭은 101m로 카르스트 지형 중 침식 분열형 폭포에 속한다.

복합 관광 자원을 활용한 특색 있는 관광지 조성

증성구 정부는 2005년에 백수채를 관광 명승지로 등록하고 5년간 복원 건설과 운영을 병행했다. 2005년 증성[4] 인민정부가 발표한 '증성시 국민 경제 및 사회 발전의 제11개 5년 계획增城市国民经济与社会发展第十一个五年计划'에 따르면 백수채는 광저우 북부의 중요한 생태방호장벽이며, 증성구의 지역 산업 발전 계획에서 백수채가 핵심인 광저우 북부 지역을 도시 농업과 생태 관광권으로 정했다.

이를 바탕으로 관광 업태상 백수채를 '농촌대공원乡村大公园'으로 조성하겠다는 계획을 세웠다. 이 계획에서는 백수선 폭포를 관광지의 핵심 상징으로 삼았다. 산자락의 온천 자원을 활용하는 온천 휴양 리조트를 개발해 농촌 관광과 생태 탐방을 콘셉트로 하는 관광객 유치 계획도 담고 있다. 즉 백수채 관광명승지의 개발 목표는 폭포 관람, 등산, 온천, 농촌 생활 및 생태 탐험 등 복합 관광 자원을 보유한 특색 있는 관광지 조성인 것이다.

백수채 개발 과정의 또 다른 특징은 미국 국립공원 계획에 활용되는 선진적인 방법과 인간중심적 시설 건설 이념을 참고했다는 점이다. 관광객이 자신의 현재 위치를 알 수 있도록 4,999개 계단 중 100번째마다 계단 수를 표기했으며, 관광객이 폭포를 가까이 관람할 수 있도록 폭포 주변의 여러 곳에 관람 잔도를 건설했다. 이와 동시에 중국 전통적인 자연 관광 문화도 접목했다. 자연 배경과 그 지역의 전설을 융합한 스토리를 만들었고, 관광지 안 전망대 등의 시설도 중국 전통 문화 요소로 명명했다.

정부의 정책적 지원과 효율적 관리 메커니즘

현지 정부는 백수채 개발 초창기 때, 관광지 안의 2차 산업을 폐지시키고 타 지역 이전을 통해 자연 자원을 보호했다. 또한 관광지 내 아시아게임 경기장 건설을 유치하고, 관광지 및 현지 주민의 양호 관계 유지 등 거시적인 정책을 마련했다. 더불어 생태를 보호하면서도 농촌 산업의 발전을 이끌어 백수채 관광명

---

4. 증성增城市: 현재의 광저우 증성구. 2014년 현급 증성시를 폐지하고 광저우 증성구로 설립했다.

승지의 발전에 따라 현지 주민들의 소득도 증대될 수 있도록 적극 지원했다.

명승지의 발전 시기와 변화에 따라 건설과 관리의 초점이 달라지며, 이에 따라 효율적인 관리 매커니즘도 개선이 요구된다. 개발 초창기에는 불필요한 소통과 업무 분담을 줄이기 위해 백수채 관광명승지 관리위원회 조직을 소규모로 운영했으나, 개발이 진행되면서 점차 조직을 세분화해 업무를 더 명확히 구분하는 등 관리 매커니즘을 개선해 나갔다.

백수채 관광명승지 관리위원회는 효과적인 마케팅을 위해 2006년 초 중국 화남 지역에서 가장 규모가 크고 영향력이 강력한 여행사인 '광즈여广之旅'와 협력했다. 티켓 운영권을 소유한 백수채 관광명승지 관리위원회는 정부의 이점을 살려 증성구 관광 홍보 활동을 적극적으로 추진했다. 또한 다양한 축제와 홍보 활동을 기획해 증성구의 인지도 및 명승지의 영향력과 매력을 높였다. 한편 협력 파트너인 '광즈여'는 관광 상품을 기획하여 미디어 홍보, 광고 및 판촉을 통해 백수채의 인지도 향상과 방문자 수 증대에 기여했다.

4년 이상의 이러한 협력을 통해 백수채 관광명승지는 큰 발전을 하게 되었고, 화남지역에서의 높은 평가 만족도, 마케팅에서도 많은 효과를 거두었다. 그 결과 2009년에는 방문객이 50만 명으로 급증해 관광 수입이 2,000만 위안(약 36억 원)에 이르렀다. 현재는 연간 200만 명 이상이 방문하고 있으며, 인근 지역에서 가장 즐겨 찾는 생태 휴양지로 꼽힌다.

백수채 발전 성공으로 인한 파이탄진의 지역 발전

개발 계획이 성공적으로 진행되면서 관광객 수는 꾸준히 증가했고, 백수채는 관광 핫플레이스가 되었다. 2016년 백수채 관광으로 인해 증성구에는 약 380만 위안(약 6억 9,000만 원)의 세금 수입이 발생했고, 파이탄진의 총 관광 수입은 15억 위안(약 2,750억 원)을 넘었다. 2018년에는 파이탄진의 총 관광 수입이 18억 9,000만 위안(약 3,467억 원)에 달했다.

또한 투자 등의 목적으로 많은 기업이 유입되면서 고용 문제도 해결되었다. 지역민 1인당 연간 수입이 2005년 4,000위안(약 73만 원) 미만에서 2019년에 3만 1,864위안(약 584만 원)으로 증대했다. 또한 광동성의 관광 부가가치는 2014년 GDP의 6.3%, 2015년 6.8%, 2016년 6.48%를 차지했다. 2019년에는 백수채가 국가 AAAA급 명승지에 올랐다. 이런 성과를 인정받아 파이탄진은 국가 삼림진, 국가특징경관관광진, 중국 10대 문화레저관광진을 연속적으로 수상하는 영예를 안았다.

온천 호텔과 리조트 투자도 증가해 일반 민박 이외의 고급 숙박과 각종 부대 시설이 구축된 대형 휴양 복합 리조트도 많이 생겼다. 2020년 온천 호텔, 테마파크, 캠핑장 등 고급 시설을 구비한 숲바다 복합 리조트森林海旅游度假区가 개장되면서 SNS에서 핫플레이스가 되었고 따종디엔핑大众点评[5] 호텔은 실시간 검색어 TOP1, 씨트립携程[6] 화남피서호텔 TOP1, 씨트립 고급형 베스트셀러 호텔 TOP1, 도우인抖音 온천호텔 TOP1, 씨트립 전국 춘절 기간 최고 인기 호텔 TOP10 등 다양한 상을 받았다. 2022년 7월에는 워터파크가 신설되는 숲바다 복합 리조트 2기를 열었고, 지금은 3기가 공사 중이다.

현재 파이탄진에는 5성급 호텔 6개, 민박 및 펜션 135개, 농가락[7] 66개가 영업 중이다. 이처럼 대규모 고급 숙박 시설이 대거 늘어나면서 2021년 파이탄진의 대규모 숙박 업체 매출액은 4억 4,900만 위안(약 819억 원)으로 30% 증가했고 방문 관광객 수는 500만 명을 넘었다. 2021년 파이탄진은 풍락그룹丰乐集团의 농촌진흥 대형 사업 4개를 유치했고, 15개 기업이 파이탄 생명 건강 타운派潭生命健康小镇에 진출해 투자 금액은 100억 위안(약 1조 원)을 넘었다.

증성구의 관광 산업 규모는 계속해서 증가하고 있다. 2022년 3월 증성구 정보 공시 정보에 따르면 파이탄진은 최근 몇 년 동안 '생태, 관광, 도농융합'을 방침으로 발전하고 있다. 증성구는 백수채를 국가 AAAAA급 관광지로 승급시키는 것을 목표로 숲바다 복합 리조트, 파이탄 생명 건강 타운 등을 중심으로 하는 새로운 글로벌 관광 패턴을 구축해 파이탄진 전역을 관광 명승지로 발전시킬 계획이다.

---

5. 따종디엔핑大众点评: 중국 선도적인 현지 생활 정보 및 거래 플랫폼이자 독립 제3자 소비 리뷰 사이트다. 사용자에게 상점 정보, 소비 리뷰 및 소비 혜택 등의 정보 서비스 등을 제공한다.

6. 씨트립携程: 중국 대표 OTA 기업이다.

7. 농가락农家乐: 도시인들이 농가 민박집에서 시골 밥을 먹으며 여가를 보내는 농촌 관광 형식. 또는 이런 관광 형식을 제공하는 곳을 일컫는다.

숲바다 복합리조트

백수채 관광 명승지의 업그레이드 프로젝트

2019년 2월, 중국 국무원 국유자산관리위원회 중앙기업인 화교성 그룹 华侨城集团이 광즈여의 뒤를 이어 백수채 관광 명승지 백수선 폭포 20년의 운영권을 취득했다. 정부 및 화교성 그룹의 공동 노력 하에 2020년 7월 15일부터 백수선 폭포는 다시 한번 가치를 높이며 국가 AAAAA급 관광 명승지로 발전하기 위한 사업을 전개했다.

화교성 그룹은 백수채의 운영 개선을 통해 '웨강아오다완취粤港澳大湾区' 즉, 광동-홍콩-마카오 광역권을 하나로 연결하는 그레이터베이 지역 최고의 도시 문화 관광 명승지로 육성할 계획을 세웠다. 이와 더불어 화교성은 주변 지역의 호텔 부지 확보와 관광지 투자, 개발, 건설, 관리, 미디어 홍보, 홍보 마케팅, 관광지 관리 등을 통해 백수채 기반 건설 프로젝트를 2025년 8월 완공할 예정이며, 현재 관광지 내 기반 시설 업그레이드 공사를 진행 중이다. 관광객에게 더 많은 즐길 거리를 제공하기 위해 등산 이외에 캠핑카, 텐트 등 시설을 완비한 캠핑장이 생겼고 과일 따기, 카트, 선락호仙乐湖 유람선, 헬리콥터 체험, 축제 등 다양한 시설 및 활동을 개설했다.

백수채 관광명승지 개발 프로젝트는 관광 자원의 변화를 통해 가치를 드높이면서 부가가치 창출 및 지역 경제 발전에 크게 기여하는 결과를 가져왔다. 관광 자원의 비즈니스 모델 재정비를 통해 지속 가능한 관광 개발이 가능할 수 있다는 것을 백수채가 보여주고 있다.

자연을 만끽하는
그린 투어리즘

러시아   알타이 지역 농촌
블라디보스톡 지사   자연 관광

평화로운 대자연 또는 전통 문화적 환경을 삶의 터전으로 살아가는 농촌. 이러한 농촌이 보유한 자연 경관과 전통 문화, 생활과 산업을 매개로 도시민이 농촌에서 체류형 여가 활동을 즐기는 농촌 관광 사업을 흔히 그린 투어리즘Green Tourism 이라 한다.

도시의 일상생활에서 벗어나 자연 속에서 여가활동을 즐기려는 사람들이 많아지면서 영국, 프랑스, 이탈리아 등 유럽에서는 이미 1960년대부터, 일본에서는 1990년대 초반부터 농가 소득 증대와 농촌 환경 보전을 위해 정부 차원에서 그린 투어리즘 정책을 펴왔다. 우리나라에서도 농가 소득 증대 방안의 하나로 우리 실정에 맞는 그린 투어리즘 정책을 도입하고 있다.

주요 산업이 농축산업인 러시아연방의 알타이Altai 주에서도 농촌 관광은 지역 경제 개발에 매우 중요한 역할을 한다. 알타이 주는 국토 전체가 대부분 3,000~4,000m 높이의 산맥으로 이루어져 있으며, 7,000개의 호수가 있다. 시베리아 최대의 강 오브ob의 원류가 되는 비야 강을 비롯해 수량이 풍부한 급류의 강들이 흐른다. 알타이는 풍부한 자연환경과 장엄한 풍경, 문화 및 역사적 유산을 체험하며 독특한 추억을 경험하는 관광 프로그램들로 인기를 끌고 있다.

알타이 지역 관광 개발

알타이 국토행정부는 지역 농촌 관광 개발에 특별한 관심과 지원을 기울이고 있다. 그 일환으로 2010년 12월, 2011~2016년 장기 목표 프로그램인 '알타이 지역 관광 개발'이 승인되어 14개 지방 자치 단체 영토에 11개의 관광 클러스터 개발을 제안했다. 또한 2011년 8월 승인된 '러시아 연방 국내 및 인바운드 관광 개발(2011~2018)' 프로젝트가 진행되면서 알타이 지역 관광 개발은 더욱 박차를 가하게 된다. 이 프로젝트는 외국으로 떠나는 러시아 관광객들을 국내 관광으로 전환하기 위한 관광 분야의 개발 프로젝트다. 가장 유망한 분야로 언급된 것은 비즈니스, 순례, 이벤트, 크루즈 및 요트 타기, 생태, 농촌 및 활동적인 관광이다.

그중에서도 알타이 영토의 사회경제적 발전의 경쟁적 이점을 살릴 수 있는 것은 독특한 자연 관광, 휴양 및 해양 생물의 잠재력이다. 이런 분석을 통해 알타이 영토에는 '알타이 지역 통합 개발' 프로젝트가 입안되었다. 이를 토대로 알타이 영토에 관광 및 레크리에이션 유형의 특별 경제 구역을 생성하는 대규모 투자 프로젝트가 진행되었다. 이 프로젝트를 계기로 알타이 지역에서는 '벨로쿠리하Belokurikha' 관광과 레크레이션 클러스터, '골든게이트Golden Gates' 자동차 관광 클러스터, '바르나울─마이닝 시티Barnaul-Mining City' 클러스터가 형성되었다. 또한 알타이 공화국 영토에는 관광과 레크리에이션 유형의 '알타이 계곡' 특별 경제 구역이 만들어지고 사계절 스포츠와 건강 개선 요양원 단지인 '만조크Manzherok'의 건설이 진행 중이다.

신성한 정상으로의 도전, 벨루하 산 등반

알타이 지역의 관광과 레크레이션 클러스터의 대표적인 개발 프로젝트 대상 지역은 벨루하 산Belukha Mt. 등반이다. 러시아와 카자흐스탄 국경에 있는 벨루하 산은 알타이 산맥에서 가장 높은 산으로 1년 내내 눈이 내려 정상(4,509m)은 빙하로 덮여 있으며, 동벨루하 봉(4,506m)과 서벨루하 봉(4,440m)의 두 개 봉우리로 이루어졌다. 이 벨루하 산의 빙하에서 많은 강이 발원하며, 그중 대표적인 강은 카툰 강이다. 자연 공원 '벨루하Belukha'에 위치하며, 높은 산봉우리와 낮은 비탈, 구릉 지대와 깊은 산골짜기 등 태초의 자연을 간직하고 있다. 멸종 위기에 처한 눈표범을 비롯해 수천 종의 동식물이 서식하고 있어 자연의 보고로 알려져 있다.

신비롭고 장엄한 전망으로 관광객을 끌어들이는 벨루하 산은 토착 알타이인에게는 신성한 곳으로, 전문 등반가에게는 도전의 대상으로 여겨진다. 정상 지점은 알타이 행정구 중 하나인 우스티 코크신스키Ust-Koksinsky 지구에 있으며, 벨루하 산 하이킹 코스는 바르나울-비스크에서 퉁구르 마을로 이동하는 경로가 일반적이다. 이 하이킹 코스는 12일 정도 소요된다. 빙하의 밝은 파란색 그림자, 반짝이는 눈, 분홍색 및 보라색으로 물들며 빚어내는 일몰과 일출의 전망은 환상적이다. 신성시되는 곳인 만큼 엄청난 에너지가 있는 곳으로 여겨져, 많은 관광객이 강, 산, 나무 등 자연으로부터 에너지를 얻어 건강을 회복하고 신성한 기운을 얻기 위해 벨루하 산을 오른다.

벨루하 산과 강

환상적인 코스의 악트루 협곡 하이킹

알타이 산맥의 주요 등산 중심지 중 하나는 악트루Aktru 산이다. 다양한 난이도의 등산 경로가 있는데, 특히 알타이 산맥에서 가장 그림 같은 지역 중 하나인 악트루 협곡Northern Chuysky Ridge을 찾는 이들이 많다. 3,500~4,000m의 봉우리로 형성되어 특별한 훈련과 전문적인 장비 없이도 누구나 하이킹을 즐길 수 있다. 이곳에서 가장 인기 있는 협곡 하이킹 경로에는 악트루 강을 따라 걷는 8km 오르막, 폭포 여행, 빙하가 녹아 만들어진 그림 같은 호수 블루레이크Blue Lake로 향하는 방사형 출구인 작은 악트루Small Aktru 전망대, 아름다운 전망과 함께 우치텔 패스Uchitel Pass까지 오르는 가파른 길이 포함된다. 특히 쿠라이 분지와 계곡의 빨간색, 노란색, 갈색, 흰색 등 다양한 색상의 흙으로 구성된 언덕으로 나가는 풍경은 SF 영화의 한 장면처럼 환상적인 풍경을 선사한다.

이 경로에는 추이Chui 대초원 위 거대한 바위에 고대 암각화가 그려진 타르하틴스키Tarkhatinsky 거석 단지 방문도 포함된다. '알타이의 스톤헨지'로 불리는 이곳은 후기 청동기 시대와 초기 철기 시대에 고대 사원과 천문대 역할을 했던 곳으로 알려지며, 암벽화와 함께 돌 블록이 직경 60m의 원을 그리며 둘러서 있다. 원형 바위에는 동물, 사람, 사냥 장면의 이미지와 30줄의 독특한 룬 문자가 새겨져 있다.

알타이 계곡과 대초원의 아름다운 풍경, 가장 순수한 공기를 즐길 수 있는 악트루 협곡 하이킹은 높이 솟은 산봉우리 못지않는 신비한 아름다움과 자유로움을 만끽하며 자연과의 일체감을 느낄 수 있는 명소로 많은 이들이 찾고 있다.

익스트림 레포츠 천국, 알타이 강 수상 관광

알타이의 거세고 빠른 급류의 강은 래프팅 등 수상 레저를 관광객들이 가장 좋아하는 곳이다. 현지 관광 산업 관계자들은 아르구트Argut 강과 바슈카우스Bashkaus 강을 따라 여행하는 것을 추천한다. 특히 인기 있는 루트는 추야Chuya 강 및 알타이 산맥에서 가장 유명한 카툰Katun 강 급류 래프팅이다. 카툰은 벨루카 산의 남쪽 경사면에 있는 게블러 빙하에서 발원해 688km를 흘러간 후에 비야 강과 합류해 시베리아에서 가장 큰 강 중 하나인 오브를 형성한다. 추야 강은 길이가 300km가 넘는 카툰 강의 가장 큰 지류다.

©keesleonardmaas

©Obakeneko

추야 강 래프팅

　　래프팅은 8~12일 동안 이어지며, 이 래프팅 지역에서 관광객은 마조이
스키Mazhoysky 폭포의 급류를 극복해야 한다. 깎아지른 절벽, 협곡, 언덕, 폭포, 급
류, 다양한 초목 등 모든 유형의 알타이 풍경이 강 안에 나타난다. 거센 급류가
없는 우스티무나Ust-Muna 및 우스티세마Ust-Sema 마을 등의 캠프장에서 카툰 강 유역
을 따라 몇 시간에서 하루 정도의 짧은 래프팅을 즐길 수도 있다.

겨울 알타이 설상 차 투어

알타이에서는 겨울을 제대로 즐길 수 있다. 바로 설상 차(스노우모빌) 루트를 제공하기 때문이다. 관광객들은 만제록Manzherok 관광 단지에서 설상 차를 시험 운행하고 이어서 투어를 체험할 수 있다. 설상 차 투어 경로는 고도 1,000~1,800m의 수멀린스키Sumultinskiy 능선과 이올고Iolgo 능선을 따라 험한 지형을 통과하며, 총 길이는 600km다. 투어 중간에 카라콜Karakol 호수, 피자Pyzha 강 지역, 카라콕신스카야Karakokshinskaya 동굴, 텔레츠코예Teletskoye 호수를 포함해 알타이의 여러 아름답고 독특한 장소를 통과한다. 또한 설원 속에서도 32℃의 수온을 유지해 눈을 뚫고 개울이 흐르는 독특한 베두아Beduya 온천을 방문하여 이국적인 알타이 스파와 수영도 즐길 수 있다. 설상 차 투어는 알타이 팰리스 카지노에서 끝난다.

알타이 지역의 주요 관광 루트 및 개발 효과

알타이 지역은 풍부한 자연, 레크리에이션과 역사적 문화 자원을 가지고 있어 관광 발전 잠재력이 풍부하다. 아름다운 대자연 속에서 알타이 산맥의 여행자들은 자신의 취향에 맞는 엔터테인먼트를 찾고, 다양하고 흥미진진한 여행을 선택해 즐길 수 있어 더욱 인기를 끌고 있다.

장기적인 사회 경제적 발전의 개념에서 관광은 필수 구성 요소로 간주된다. 알타이는 이러한 관광 자원을 기반으로 내외국인 대상 관광 활성화를 위한 국가 정책에 많은 관심을 기울였다. 먼저 지역 중심의 관광 개발 및 관광 상품 홍보를 목표로 하는 활동을 비롯해 관광 클러스터를 설정해 같은 지역의 관광 개발을 위한 우선 순위 영역을 정의했다. 특히 장기 목표 프로그램의 틀 내에서 진행한 알타이 영토 행정부의 활동 중 하나는 관광객 흐름을 재분배하는 관광 경로 개발과 통합이다. 관광객에게 제공되는 서비스 목록을 확대하고 품질을 개선하기 위한 지역 당국과 비즈니스 커뮤니티의 노력이 더해지면서 지속 가능성을 우선 순위로 최대 구현 가능한 관광 자원이 개발되었다.

그 결과 다른 지역에서도 승마, 스키, 패러글라이딩, 지프 투어 등 역동적인 레포츠와 아름다운 자연 경관을 즐기기 위한 발걸음이 이어지고 있다. 그

중 로마노프스키 지역은 신비한 소금 호수와 사냥, 낚시 자원을 활용해 관광객들을 끌어들이고 있다. 또한 스몰렌스크 지역에서는 역사, 문화, 이벤트, 비즈니스 유형의 관광을 개발하고 있으며, 패러글라이딩 비행도 인기다. 우스트 카만스키 지역은 관광객들이 챠리시 강을 따라 래프팅을 즐기기 위해 찾고 있으며, 우스트 프리스탄스키 지역은 순례객들이 많이 찾고 있다.

당국의 노력과 지역 자원의 적절한 개발이 이루어지면서 2016년에는 200만 명이 관광 목적으로 알타이를 방문했으며, 이는 2011년 대비 54% 증가한 수치다. 지역적으로도 로마노프스키 지역은 81배, 스몰렌스크 지역은 54배, 우스트 카만스키 지역은 20배, 우스트 프리스탄스키 지역은 15배나 관광객 수가 증가했다. 알타이의 농촌과 자연 관광 개발 프로그램은 현대적이고 경쟁력 있는 관광 산업을 창출해 냈으며, 관광 서비스업의 일자리가 늘어나면서 지역민들의 삶이 풍요로워졌다.

이처럼 알타이 지역의 농촌 관광 프로젝트는 고령화와 과소화로 소멸 위기를 겪고 있는 지방 소도시 재생의 효과적인 사례다. 관광객들의 욕구를 충족시키는 다양한 프로그램의 개발로 지역 자원을 국제적 관광 산업으로 성장시켰을 뿐만 아니라 농촌이 개발할 수 있는 미래 산업 모델을 제시했다. '알타이'는 몽골어에서 '황금'을 의미하며, 실제 황금 광산도 있다. 하지만 풍부한 천혜의 자연이야말로 알타이가 가진 진정한 황금인 것이다.

알타이 산맥의 벨루하 산과 아켐 호수

지하 세계로 떠나는 탐험,
신비로운 선동 동굴

베트남
하노이 지사

베트남 꽝빈을 되살린
선동 동굴 관광

억겁의 세월이 쌓이고 쌓여 만들어 낸 깊은 땅속 동굴은 그 자체로 하나의 신비이다. 지표면 아래로 굽이굽이 뚫린 동굴은 미지의 세계로 통하는 통로라거나 보물이 숨겨져 있을 것만 같은 상상력과 모험심을 자극한다. 실제로도 동굴은 수백만 년 전에 태어나 지구의 신비를 한 조각씩 머금고 있는 비밀의 공간이 아니던가. 그 비밀의 공간으로 인해 더 특별해진 도시가 있다.

베트남 중부 지역에 위치한 꽝빈Quang Binh은 자연 경관이 아름답기로 유명해 현지인들 사이에서도 반드시 여행해야 할 도시로 언급되던 곳이다. 하지만 새로운 관광지들의 등장과 함께 사람들의 관심이 옮겨가면서 관광지로서의 매력을 잃었다. 자연히 찾는 이들의 발길이 줄어들었고 겨우 옛 이름만 유지할 뿐이었다.

그런데 신비로운 비밀 하나가 드러나면서 갑자기 세계인들의 주목을 끌게 되었다. 바로 세계 최대 규모의 선동 동굴이 발견된 것이다. 그러나 새로운 관심사로 주목을 받았다고 해서 무조건 인기를 되찾는 것은 아니다. 잊혀졌던 관광지가 재조명을 받으며 지역 경제까지 되살리기 위해서는 특별한 노력이 더해져야 한다. 꽝빈은 어떻게 다시 베트남 관광 시장의 중심으로 우뚝 서게 되었을까?

선동 동굴

©https://oxalisadventure.com/vi/

구글의 재조명, 세계 최대의 선동 동굴

햇빛이 쏟아져 내리는 동굴 속 원시림의 모습은 애니메이션이나 영화의 한 장면에서나 가능할 것 같은 비현실감 때문에 더 신비롭고 환상적이다.

2022년 4월 14일, 17개의 국가 및 지역의 구글 홈페이지에 동시 소개된 '선동 동굴Hang Sơn Đoòng'의 이미지다. 세계 최대 규모인 선동 동굴 발견 13주년을 기념하기 위해 구글이 '구글 기념일 로고Google Doodle'로 소개한 것이다. 자연의 경이로움이 구글 홈페이지에 선정된 것은 이번이 처음이다.

유네스코 세계자연유산인 '퐁나케방Phong Nha-Kẻ Bàng 국립공원'의 외딴 정글 깊숙이 자리잡은 선동 동굴에는 어느 곳과도 비교할 수 없는 특별한 자연 경관이 있다. 구글은 선동 동굴에서 싱크홀의 압도적인 아름다움과 햇빛이 연출해 낸 신비한 공간의 이미지를 인상 깊게 재현해 보는 이들의 영감과 호기심을 자극했고, 선동 동굴은 단숨에 세계인들의 주목을 받았다. 구글이 재조명한 선동 동굴은 과연 어떤 곳일까.

신비를 머금은 천연 동굴, 수백만 년 만에 잠을 깨다

1991년, 꽝빈성 동허이의 석회암 산, 농부 호카인Ho Khanh은 숲에서 갑자기 쏟아지는 비를 피하기 위해 인근의 동굴로 들어갔다. 이 지역에는 오래전부터 알려진 퐁나 동굴을 비롯해 300여 개의 크고 작은 동굴이 있었다. 무수히 많은 동굴 중 하나라고 생각했던 호카인은 더 이상 안으로 들어가지 않고 집으로 돌아갔다. 그러고는 동굴의 존재도 정확한 위치도 잊어버렸다. 그러던 2008년 어느 날, 호카인은 잊고 있었던 동굴의 위치를 더듬어 다시 찾아냈다. 그때까지도 동굴은 발견되지 않았었고, 호카인도 동굴을 확인하고 경로를 기록해 두었을 뿐 다시 묻어두었다. 선동 동굴의 최초 발견은 그렇게 무심하게 잊혀져 있었다.

2009년 영국동굴연구협회British Cave Research Association의 탐험대가 이 지역을 찾아왔다. 당시 영국동굴연구협회는 30여 년간 베트남 전역에서 500여 개의 동굴을 발굴했다. 이들은 호카인의 안내로 울창한 깊은 숲속에 오랫동안 잠들어 있던 선동 동굴을 발견할 수 있었다. 2009~2010년에 영국동굴연구협회는 베트남 대표와 함께 합동 탐사대를 구성해 조사를 실시했고, 선동 동굴을 세계에 알렸다. '선동'이라는 이름은 기존 지명 '동'과 중국-베트남어 '선㎍'을 결합해 만든 이름이다.

세계 최대 규모와 독특한 생태계를 가진 선동 동굴의 존재는 전 세계 사람들을 놀라게 했다. 2013년부터 모험 관광을 시작한 후 선동 동굴은 베트남 및 세계의 모험 여행자들에게 꼭 탐험하고 싶은 장소가 되었다.

세계 7대 불가사의, 신비로움 가득한 자연 경관

풍나케방 국립공원 중심부에 위치한 선동 동굴은 약 200만~500만 년 전 형성된 용해성 석회암 동굴이다. 산을 돌아 흐르는 하천수에 의해 침식된 석회암 지대 상층부가 무너져 산맥 아래에 거대한 터널을 만들었다. 약 9km 길이로 뻗어 있으며 높이는 200m, 폭은 150m 이상이다. 또한 일부 구간에서는 크기가 최대 140m²에 이르며, 너비 약 91.44m, 동굴의 돔 높이는 거의 243.84m에 달한다.

세계적인 여행잡지 《콘데 나스트 트래블러Conde Nast Traveler》에서는 선동 동굴의 내부 규모를 '40층 고층 빌딩을 포함한 뉴욕 도심지 한 블록이 들어갈 수 있고, 보잉 747기가 날개 없이 날아갈 수 있을 정도'로 방대하다고 소개했다. 이를 입증하듯 기네스북에 세계에서 가장 큰 동굴로 등재되었다.

동굴 내부에는 2.5km 길이의 지하 강과 최대 70m 높이의 종류석, 석순, 산호 개체군과 동물 화석까지 있다. 이외에도 작은 지류와 정글 같은 생태계를 갖춘 크고 작은 동굴 150여 개가 있으며, 2019년에는 세계에서 세 번째로 큰 동굴인 엔 동굴En Cave과 연결되어 있다는 것이 확인되었다. 이로 인해 동굴의 유효 부피는 160만m³ 이상 증가되었다.

가장 독특한 풍경을 자아내는 것 중 하나는 동굴 천장이 무너진 2개의 큰 돌리네doline¹다. 햇빛이 돌리네를 통해 동굴 안으로 쏟아져 들어올 수 있게 되면서 초목들이 열대 우림처럼 자랐고, 그로 인해 이곳은 '아담의 정원'이라고 불리게 되었다. 동굴 안은 여름에는 22~25℃, 겨울에는 17~22℃를 유지하는데, 2개의 돌

---

1. 돌리네 : 석. 싱크홀sinkhole이라고도 한다. 석회암 지대에서 용식 또는 함몰작용에 의해 형성된 원형의 와지로 동굴 천장이 무너지는 형태는 함몰 돌리네에 해당된다.

리네 일대는 외부의 햇빛이 동굴로 비치므로 외부 날씨의 영향을 받는다. 일례로 더운 날 이른 아침, 늦은 오후나 정오에는 동굴 안에 안개가 자주 생긴다.

또한 동굴 주변에서 원숭이, 전갈, 박쥐, 흰 곤충과 물고기 등 많은 야생 동물과 녹색 식물을 볼 수 있다. 선동 동굴은 아직도 완전히 밝혀지지 않은 미지의 영역과 다양한 생태계를 가지고 있다. 이런 신비로운 모습 때문에 《콘데 나스트 트래블러》에서는 선동 동굴을 2020년 세계 7대 불가사의로 선정한 것이다.

선동 동굴

동굴 속 탐험 여행, 지역 경제 활성화에 기여

 2013년 공개된 선동 동굴은 여행자들뿐만 아니라 할리우드의 영화 제작자, 감독들의 높은 관심과 더불어 국내외 투자자들의 이목을 끌었다. 이에 꽝빈성에서는 세계에서 가장 큰 동굴인 '선동 동굴 탐험 관광 사업'을 실시했다. 탐험 관광은 유일하게 허가 받은 관광회사 옥살리스^{Oxalis}에 의해 진행되고 있다. 투어 전문가와 함께 3박 4일 동안 캠핑을 하며 트레킹, 암벽 등반, 정글 탐험 등을 즐

긴다. 텐트, 침낭 등 캠핑용품과 안전 장비, 식사 등도 제공된다. 탐험은 동굴의 생태계와 환경에 미치는 영향을 최소화하기 위해 제한된 공간에서만 진행되며, 매년 1월부터 8월까지 최대 100개 단체, 1,000명만 방문할 수 있다.

이제 동굴 트레킹 성지로 꼽히는 선동 동굴 탐험 관광은 베트남의 관광 산업을 비롯한 경제 활성화에 촉진제가 되었다. 전문가를 동반해 짧은 기간 동안 탐험하는 이 관광 여행은 지금까지 150억 동(약 8억 원) 이상의 수익을 달성했다. 정글과 동굴을 탐험하려는 여행객이 퐁나케방 국립공원에 모여들자, 빈궁한 농부였던 퐁나 주민들 대다수는 여행 가이드, 홈스테이 운영 등으로 생계 수단을 바꾸었다. 이로 인해 지역민들의 안정적인 일자리가 창출되었으며, 평균 소득은 1인당 월 600만 동(약 32만 원)에 달했다. 이외에 현지의 숙박업, F&B 산업도 함께 발전되었다.

선동 동굴의 지속 가능한 관광 개발은 지역 주민의 일자리 창출, 지역 경제 활성화, 삶의 질 향상, 퐁나 지역뿐만 아니라 인근 지역의 경제 발전에도 긍정적 변화를 일으켰다. 또한 이로 인해 퐁나케방 국립공원의 산림 보호, 천연자원 보호의 효율성을 개선하고 원주민의 자부심을 고취할 수 있었다고 평가받고 있다.

시공간을 뛰어넘는 가상현실 체험으로 시장 확장

선동 동굴은 특히 해외 관광객들에게 인기 관광지로 주목받고 있다. 여행가이드 잡지 《론리플래닛》은 선동 동굴을 '2019년 가장 방문하기 좋은 곳'으로 선정했으며, 미국 원더스리스트^{Wonderlist}가 발표한 '세계에서 가장 아름다운 자연 동굴 10선' 중 1위에 올랐다. CNN은 2019년 9월 하노이에서 쌀국수를 먹고, 지상 최대의 동굴을 탐험한 뒤 메콩델타를 둘러보는 여행이 베트남에서 가장 인상적인 13가지 경험 중 하나라고 소개했다. 또한 2022년에는 구글이 17개국의 검색 홈페이지에서 선동 동굴을 소개해 다시금 화제가 되었다.

선동 동굴 관광 탐험은 3박 4일 동안 진행되는 만큼 관광객들은 4일 연속으로 트레킹을 하며 다양한 지형을 오를 수 있는 체력을 갖추어야 한다. 또한 각 투어의 관광객 수는 10명이지만 보조원, 안전 도우미, 국제 관광 안내원, 요리사, 레인저 등을 포함한 인원은 30명에 달하기 때문에 탐험을 위해 고가의 비용을 지불해야 한다.

최근 베트남은 비용과 체력이라는 두 가지 이유로 관광의 어려움을 느끼는 여행자들을 위해 가상현실 체험 기술을 적용한 선동 동굴 여행을 준비하고 있다. 옥살리스는 이미 2015년에 내셔널 지오그래픽과 협력해 전 세계 사람들에게 온라인으로 선동 동굴의 아름다움을 소개해 큰 인상을 남긴 바 있다. 코로나19 팬데믹으로 인해 여행이 멈춘 시기에 선동 동굴을 360도로 소개한 이미지는 이색적인 가상현실 투어로 큰 인기를 얻었다. 선동 동굴 가상현실 체험이 현실화된다면, 선동 동굴을 탐험하고 싶지만 여건이 되지 않는 많은 여행자들에게 멋진 관광 상품이 될 수 있을 것으로 기대되고 있다.

단순히 보고 감탄하는 관광이 아니라 체험으로 특별한 추억을 만든다는 점에서 선동 동굴 탐험 프로그램은 더욱 매력적이다. 동굴에서 숙박하며 즐기는 관광, 캠핑과 암벽 등반, 트레킹 등 생생한 체험은 어디에서도 만날 수 없는 각별함이 있다. 더불어 동굴 자원을 보호하기 위해 방문객 수와 개발 및 개방 지역 등에 제한을 두고 있다는 점은 지속 가능한 관광을 위한 좋은 선택이라고 할 수 있다.

선동 동굴의 사례와 같이 가상 현실 기반 관광 체험 및 수익 모델 창출을 위한 사업은 이미 시도되고 있다. 하루가 다르게 진화하는 IT 기술을 적극 활용해 더 특별한 경험을 제공하는 콘텐츠를 만들어 내고 미래 지향적인 개발 방향을 모색하는 것은 지속 가능한 관광을 만들어 가기 위한 우리 모두의 숙제일 것이다.

©https://oxalisadventure.com/vi/

햇빛이 쏟아져 내리는 선동 동굴 야영장

©https://oxalisadventure.com/vi/

선동 동굴

선동 동굴에 관심이 있지만 직접 방문하고 탐험할 기회가 없었던 방문객들은 2021년부터 시작된 구글 아트 앤 컬처Google Arts & Culture 온라인 전시인 원더 오브 베트남Wonders of Vietnam을 통해 선동 동굴을 감상할 수 있다.

원더 오브 베트남은 베트남관광청이 전 세계에 베트남 관광을 홍보하기 위해 구글과 협력하는 프로젝트 중 하나다. 홈페이지에서는 선동 동굴의 사진과 영상뿐만 아니라 동굴의 경이로움을 새로운 방식으로 경험할 수 있는 인터랙티브 체험 감상도 가능하다.

• https://artsandculture.google.com/story/JQUxotl1KwFsJQ

2003년 유네스코 세계자연유산으로 등재된 '퐁나케방Phong Nha Ke Bang 국립공원'. 동굴 트레킹 성지로 꼽히는 이곳에는 선동 동굴뿐만 아니라 지구상에서 세 번째로 큰 동굴인 항엔Hang En 동굴과 수십 개의 다른 동굴도 모여 있다. 또한 선동 동굴과 같은 극한 모험부터 투란Tu Lan 동굴 시스템 탐험과 같은 보다 접근하기 쉬운 모험, 파라다이스 동굴Paradise Cave과 퐁나 동굴Phong Nha Cave과 같은 가족 친화적인 투어 등 다양한 종류의 동굴 탐험을 할 수 있다.

퐁나가 특별한 이유는 동굴 때문만은 아니다. 퐁나는 관광이 늘어나면서 고용 기회가 늘어나고, 가계 소득 증가로 마을의 생활 수준이 크게 향상되었고, 이는 환경 보호에도 희소식이 되었다. 관광 산업이 발전하기 전 빈곤했던 마을 사람들은 정글에 들어가 불법 벌목, 야생 동물 사냥이나 환경에 해로운 기타 활동을 했다. 하지만 관광으로 인해 안정적인 수입을 얻게 됨으로써 이러한 불법적 환경 침해 활동이 극적으로 감소했다. 관광이 지역 사회에 가져온 또 다른 혜택인 셈이다.

물류 창고에서 야간 관광 명소로,
클락키의 화려한 변신

싱가포르
싱가포르 지사

수변 랜드마크 클락키,
지속 가능성 높이는 지속적인 변화

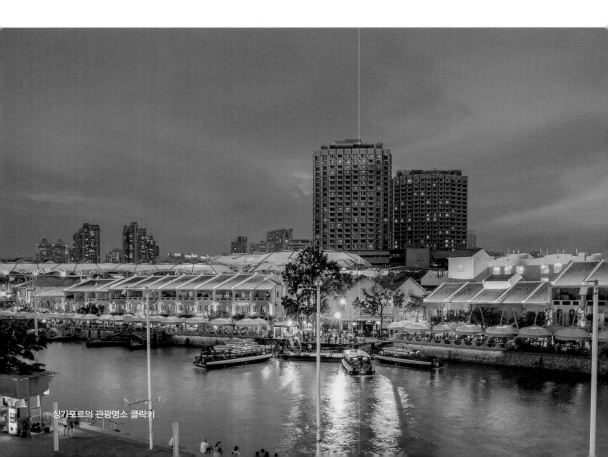

싱가포르의 관광명소 클락키

싱가포르의 대표 관광지 클락키Clarke Quay의 밤은 낮보다 화려하다. 싱가포르 강가에 자리한 클락키 일대는 형형색색의 창고 건물들, 수변을 따라 조성된 독특한 디자인의 테라스, 전 세계의 음식을 맛볼 수 있는 레스토랑이 즐비하다. 특히 낮 동안은 역사 유적과 강변이 어우러져 잔잔하고 호젓한 분위기지만, 밤이 되면 높은 파고라에서부터 비치는 불빛과 수변을 따라 오색 찬란한 조명이 화려하게 반짝이는 공간이 된다. 유람선을 타고 수변 경관을 감상할 수 있는 리버크루즈의 운치, 강가에 밀집된 클럽과 펍에서 펼쳐지는 다양한 장르의 음악 공연 등 현지인은 물론 싱가포르의 밤을 즐기고 싶은 여행자들에게도 필수 관광지다.

클락키는 과거 물류 창고였던 지역을 새로운 상업 공간으로 개선하고 각종 행사와 축제를 기획하면서 밤 문화의 관광 명소가 된 도시 재생 지역이다. 사람들로부터 외면받던 거리에서 젊음의 활기 가득한 거리로 변신한 클락키. 지역의 역사적 가치를 지닌 건물을 복원해 새로운 공간으로 재탄생시킨 그 변화 스토리가 궁금하다.

클락키의 낮 모습

역사 지구 보존 및 환경 개선 사업

도시국가 싱가포르는 '무역과 금융의 도시'로 일컬어질 만큼 무역을 중심으로 성장 발전했다. 이런 싱가포르 해상 무역의 중심지 중 한 곳이 바로 싱가포르 강 하구의 클락키다. 특히 클락키는 향신료와 통조림 등의 교역 상품들을 보관하는 물류 창고가 밀집된 지역이었다.

하지만 오랜 기간 무역이 진행되면서 보트에서 배출되는 쓰레기와 유출된 기름 등으로 싱가포르 강 일대의 오염이 심해져 갔다. 싱가포르 강 유역에 집중적으로 조성된 도심과 산업 시설은 다량의 오물과 폐수를 배출하며 심각한 오염을 초래했다.

이에 1980년대에 들어 싱가포르 정부는 도시 보존을 위한 변화와 싱가포르 강 수질 개선을 목표로 도시 재생 사업을 시작했다. 그 일환으로 클락키를 인수하고, 환경 개선 사업을 위해 물류 사업을 타 지역으로 옮기기로 했다. 환경 개선 사업은 클락키 지역의 역사적인 건물을 보존·복원하고 일대를 상업, 주거 지역으로 전환하는 내용이었다.

정부는 1989년에 클락키를 보존하기로 발표했으나 곧 지역 판매를 위해 입찰을 추진했다. 처음에는 전체 지역이 5개의 구획으로 분할되었지만 더 나은 개발 계획을 위해 단일 부지로 변경되었고, 1993년에 아시아 최대의 부동산회사인 DBS랜드의 소유가 되었다.

이후 클락키는 지역의 근현대 역사 지구를 유산 보존 지역으로 지정했다. 기존 물류 창고를 철거하지 않고, 오래된 건축물 외관은 재설계하고 내부는 현대적으로 리모델링해 쇼핑몰과 레스토랑이 밀집한 고급 상업 시설로 전환시켰다.

그러나 사실 지금의 클락키가 처음 환경 개선 사업을 추진했을 때의 모습은 아니다. 당시 클락키는 새단장을 한 후 재개장했으나 사람들의 방문율이 높지 않았다. 그 이유는 여러 가지가 있겠지만, 더운 날씨와 낮은 접근성 때문에 야외에서의 시간을 즐기기 위해 방문하려는 이들이 많지 않았다는 점이 가장 크다.

근현대가 공존하는 수변 랜드마크로 변신

클락키는 10여 년 만에 다시 한번 새로운 시도에 들어갔다. 2000년 DBS랜드가 피델코랜드와 합병해 캐피타랜드Capitaland가 되면서 지역의 이미지가 전환되고, 유명 영국 건축가 윌 알솝에게 클락키 지역 개선을 맡겼다. 이때 클락키 내부 구성을 더 좋게 하기 위해 지역의 지붕 구조를 포함한 많은 제안들이 나왔다.

먼저 알솝은 클락키의 오래된 건축물 외관을 재설계하고, 싱가포르 강가에 독특한 디자인의 테라스를 설치해 수변 공간의 접근성과 이용성을 극대화했다. 그리고 클락키 지역을 덮는 파고라를 설계했는데, 그늘과 냉각 시스템을 활용한 구조물로 클락키 지역의 온도를 4도 가량 낮추었다.

새로운 변화를 위한 마지막 과제는 URA 도시재개발청에서 제시된 보존 원칙을 훼손하지 않으면서도 역사적 지역에 현대적인 구조물을 어떻게 디자인하고 보전할 것인가에 대한 것이었다. 이를 해결하기 위해 가벼운 지붕과 같은 구조(천사의 날개를 가진 거대한 우산 모양)를 보존되어야 할 건물 위에 더 높게 세우는 방법을 제시했다. 이는 보존되어야 할 숍하우스들에 영향을 주지 않으면서 지붕이 지어진 시대의 건물임을 나타내기 위해서였다.

또한 URA는 지역의 역사적 배경인 창고 지구와 싱가포르 강을 따라 늘어선 활기찬 야간 문화의 중심지가 대비되도록 했다. 그리고 이 구조물이 국제 보존

클락키 지역을 덮는 파고라

클락키

규범에 위배되는 것은 아닌지 신중하게 검토했다. 더불어 건축가들은 새롭게 조성되는 지구 내 적절한 환기를 위해 공기 순환용 송풍기 설치를 제안했다. 이러한 사항들을 모두 반영해 URA는 클락키를 엔터테인먼트 구역으로 지정했다.

지속 가능성을 위한 클락키의 지속적 변화

2022년부터 클락키는 또다시 1년간의 리노베이션을 계획 중이다. 클락키는 도시 재생을 통해 손꼽히는 나이트라이프 명소가 되었다. 하지만 도심 중심 관광지로서 낮 시간대 유동 인구를 유입할 매력은 부족하다는 평가다. 정부는 코로나19 완화와 해외 관광객의 유입이 증가함에 따라, 도심 관광의 매력 개

선을 위해 클락키 지역을 주야간 관광이 가능한 지역으로 개발할 예정이다. 클락키 내 부동산을 소유하고 관리하는 캐피타랜드는 2022년 7월 약 6,200만 달러(약 783억 원) 규모의 시설 개선 공사를 발표했다.

우선 클락키는 주야간 전체로 영업을 확대하기 위해 뮤직스토어, 식료품과 마트, 뷰티업종, 테마 카페 등 다양한 업종의 임대를 추진 중이다. 또한 핵심 임대자인 '주크 그룹Zouk Group', '원그룹1-Group' 등과도 협의해 주야간 시간대 모두 운영하는 확대 서비스를 준비 중이며, 클락키를 반려동물 친화적으로 만들기 위해 관련 업체들과 협력하고 있다.

또한 더 많은 관광객 유치를 위해 기존의 익스트림 스포츠 액티비티 공간도 싱가포르 강 상공 70m에서 탑승자를 쏘아 올리는 스릴 넘치는 놀이기구 슬링샷Slingshot을 설치하는 등 더욱 개선될 예정이다. 클락키와 보트키를 연결하는 리드 브리지의 램프, 전망대, 계단 등도 업그레이드가 계획되어 있다. 이러한 리노베이션 공사는 2023년 3분기에 완료될 예정이다.

복원된 건물의 창고는 클락키의 역사를 나타내는 헤리티지의 색으로 새롭게 채워진다. 탄타이 플레이스Tan Tye Place의 건물 외관은 활기찬 벽화로 장식되고, 클락키 구역의 패널, 주철 맨홀 뚜껑과 청동판 타일도 헤리티지 지역의 과거를 엿볼 수 있는 기회를 제공하게 될 것이다.

친환경 기능도 눈에 띄는데 캐피타랜드는 프로젝트 총 비용의 약 34%를 '친환경 기능에 집중'한다. 대표적으로 햇빛을 계속 받아들이면서 태양열 취득을 최대 70%까지 줄일 수 있는 새로운 캐노피는 거리의 주간 열 쾌적성을 증가시킬 것이라고 한다. 또한 공기 순환을 개선하기 위해 새롭게 설치될 전방위 팬은 현재의 단방향 팬에 비해 에너지를 50% 적게 사용한다. 더불어 표면에 물방울을 생성하지 않고 주변 온도를 2℃ 정도 낮출 수 있는 증발식 미스트 냉각 시스템도 갖추고 있다. 이와 같은 클락키의 친환경 건물 등급은 '그린 마크 골드 플러스 Green Mark Gold Plus'로 향상될 예정이다.

정부와 민간의 협력, 보존과 유연성의 균형적 개선

싱가포르 강변을 따라 이어진 창고 건물들은 역사를 간직한 채 이색적인 거리 분위기의 기반이 되었고, 클락키는 사람들이 모여드는 명소가 됐다. 또한 과거 영국 식민지 시절에 지어진 총독관저와 경찰본부는 각각 박물관과 싱가포르 경찰본부로 활용되고 있다. 고도 경제 성장으로 오염된 싱가포르 강 유역도 이제는 도심 거주민에게 중요한 쉼터이자 운동의 공간으로, 수달과 도마뱀, 다양한 어종이 서식하는 자연의 보고로 회복되었다.

이처럼 클락키는 수변 랜드마크 건설을 통해 관광 중심지로 발돋움한 도시재생의 대표적 사례로 손꼽힌다. 빈 터전에 새로 건립되는 공간과 달리 도시재생을 통해 새롭게 태어난 공간들에서는 과거, 현재, 미래가 공존하는 오묘한 매력을 만날 수 있다. 클락키는 과거와 현재가 공존하는 공간을 기반으로 역사와 정체성을 간직하면서 지속 가능한 미래를 열어 가기 위해 지속적인 변화를 이어나가고 있다.

보존의 개념을 기본으로 내외부 인프라 시설을 살려 내는 도시재생 사업이 정부 주도로 이루어졌지만, 이 과정에는 부동산 개발 전문가를 비롯해 지역 상인과 예술가 등 다양한 이해관계자들이 참여해 독창성과 선견지명을 통한 통합계획의 효과를 입증했다. 이러한 보존 프로그램의 성공은 정부가 성장하는 민간의 보존 분야를 지원하고, 그에 대한 신뢰를 구축하기 위해 전체 구역의 개발을 주도하는 인프라에 대한 접근이 뒷받침된 것에서 찾을 수 있다. 싱가포르에서도 활기찬 역사 지구를 만들기 위해 높은 보존 기준과 유연성의 균형을 맞춘 대표적 사례이기도 하다.

클락키의 사례에서 보듯 성공적인 도시재생 사업을 위해서는 정부와 민간 기업, 비영리 단체, 지역 주민 모두의 협업과 주관처의 일관된 지지와 방향 제시가 필요하다. 단순히 건물을 리모델링하거나 새로운 공간 조성에 그치는 것이 아니라, 자신만의 정체성과 그 지역만의 역사와 현재, 그리고 미래까지 담아낼 수 있는 중장기적인 계획과 실행이 함께 이루어져야 한다.

클락키는 수변 도시재생의 대표적인 성공 사례로 주목받고 있다. 그 배경에는 싱가포르의 파크 커넥터 네트워크Park Connector Network, PCN 계획도 관련이 있다. 싱가포르의 파크 커넥터 네트워크는 싱가포르 전역의 주요 공원과 자연 지역을 연결하는 선형 녹색 회랑Green Corridor을 조성하는 사업이다. 이는 싱가포르 강 환경 복원 프로젝트와 수변 공원 조성, 도심부 곳곳에 식재한 녹지 공간을 연결해 인구 1인당 8m²의 녹지 공간 확보를 목표로 한다. 1995년 최초의 파크 커넥터로 조성된 칼랑 강 파크 커넥터는 수변 공간을 활용한 대표적 사례. 2002년 완공된 앙모키오 파크 커넥터는 주거 지역을 따라 1km로 조성되었으며 대형 도시 공원으로 이어지는 도로변 활용 유형의 첫 번째 사례다.

현재 파크 커넥터 네트워크는 300km가 넘는 산책로가 연결되어 녹음이 어우러진 다양한 휴식 기회를 제공하고, 섬 전역의 자연 공간을 생태적으로 잇는 역할을 한다. 싱가포르 정부가 개발하고 관리하는 도시재생 지역은 파크 커넥터를 통한 도심 속 조경 공간 확보, 기존 문화 자원의 전승 및 보전, 현대적 의미로의 도심 재해석 등으로 아시아에서도 손꼽히는 수변 도시재생의 대표 사례가 되고 있다.

클락키

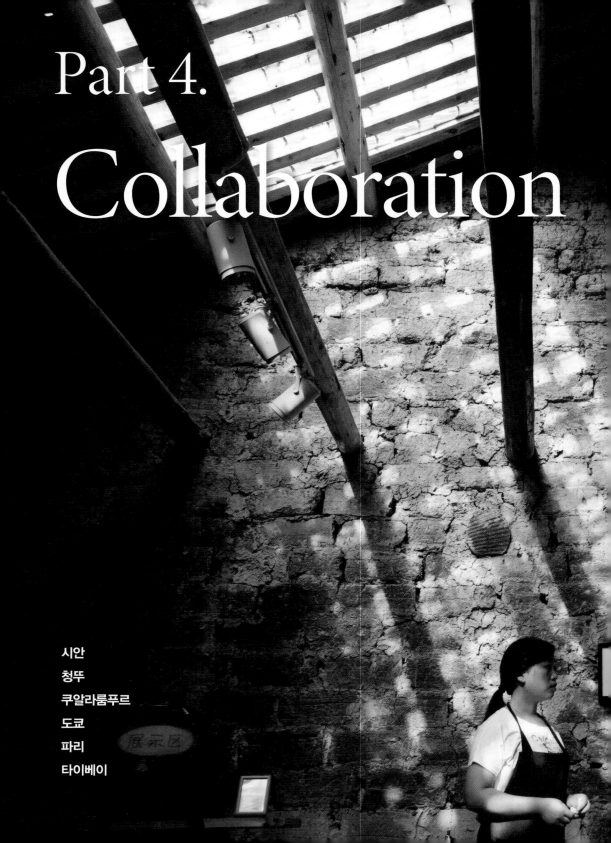

Part 4.
Collaboration

코로나19 팬데믹이 몰고 온 변화 중의 하나가
자국의 시골에 대한 관심이 높아진 점이다.
각 지역의 문화유산과 자연유산 등
여행지에 대한 인식을 높이기 위해
각 지역 정부와 주민, 지역 단체, 예술가들의
콜라보레이션이 눈에 띈다.

산시성 위안지아춘의 지역협동조합 중심 농촌 관광 활성화,
쓰촨성 밍위에 마을의 브랜드 런칭,
대만농업위원회의 대학농촌실천 공동창작 프로젝트는
지역 주민들이 단순한 참여자가 아니라
프로젝트를 이끌어 가는 주체라는 점에서 눈여겨 볼 만하다.
시즈오카현 오야마초에서 도로 휴게소를 거점으로 진행한
지역특산품 개발 프로젝트는
지역대학의 연구와 참여로 이루어졌고,
글로벌 숙박 플랫폼 에어비앤비와 프랑스 농촌도시협회의
협력 프로그램으로 재발견된 프랑스 브르타뉴 지방은
기업과 민관의 협업의 좋은 사례로 남을 것이다.

전통 문화와 현대적인 관광 요소를
융합해 공동 번영을 꿈꾸다

중국
시안 지사

농촌 관광 진흥을 통한 지역 활성화에
성공한 위안지아춘

중국은 오랜 역사적 경험을 통해 공동체의 삶의 질을 높이기 위해 노력
해 왔다. 최근 농촌 공동체를 위한 다양한 프로젝트 중 '농촌 관광 진흥을 통한
지역 활성화' 성공 사례로 산시성 셴양 '위안지아춘袁家村'을 꼽는다. 위안지아춘에
서는 관중 평원의 전원 풍경을 바탕으로 현지에서 채취한 친환경 농산물 등을
활용한 특색 있는 음식점, 온천 등을 포함한 숙박 시설, 예술 문화 시설, 야외 체
험 활동 시설 등 이색적인 프로그램을 진행 중이다.

위안지아춘은 산시성 관중 평원에 위치하고 있다. '관중을 얻는 자 천하
를 얻는다'라는 말이 있는 것처럼 산시성은 중국의 고대 국가에서는 지리적 요충
지였다. 실제 주나라의 본거지였고, 당나라가 멸망할 때까지 중국 고대 국가들
의 중심지였다. 위안지아춘에서 차로 약 13km 떨어진 곳에는 당나라 태종의 자
오링릉이 있다.

명나라와 청나라의 전통 건축미가 남아 있는 소박하고 우아한 골목길로
들어서면 양쪽으로 많은 상점과 공방이 늘어서 있다. 골동품, 기름 공방, 두부
공방, 국수 공방, 차 공방, 식초 공방 등이 가득하다. 천 공방의 노인들이 정성스
럽게 천을 짜는 모습, 국수를 뽑는 풍경, 고춧가루를 가는 방앗간, 맷돌을 밀고

있는 당나귀까지 흥미로운 골목 풍경을 만날 수 있다.

　　도시 문화와 시골 문화는 분명히 다르다. 하지만 이 두 문화가 서로 존중하고, 경험을 나누며 서로 소통한다면 어떨까. 위안지아춘은 '중국 10대 아름다운 시골 마을'이라는 칭호를 받았고, AAAA급 관광지로 인정받았다. 향긋한 마을 풍경을 경험한 이들의 입소문을 타고 현재 중국 내에서 가장 인기 있는 농촌 관광지 중의 하나로 유명세를 떨치고 있다.

　　위안지아춘은 깊은 역사를 지닌 관중 지역의 전통 문화와 현대적인 관광 요소를 융합한 농촌 관광의 성공 사례로 꼽힌다. 특히 산시성 관중 지역만의 농후한 문화 스토리를 담고 있어 매력적인 관광지로 거듭났다. 관광객들은 주민들이 실제 살고 있는 마을에서 관중 지역의 역사와 문화가 깃들어 있는 농촌 문화 체험을 할 수 있어 만족도가 높다.

농촌 관광 진흥을 통한 지역 활성화

　　위안지아춘에 오는 관광객들은 자연 속에서 마을 사람들과 어울리며 농촌 생활을 경험하고 있다. 마을 사람들의 생활은 단순하다. 때가 되면 씨를 뿌리고, 땅에 도랑을 파서 수로를 만들기도 하며 계절에 맞는 농사를 짓는다. 요리사들은 장터에서 음식을 만들고 장인들은 오랜 옛날부터 하던 방식대로 공예품을 만든다. 마을에는 흙으로 조각품을 만들거나 복숭아나무를 조각하는 이들이 많은데, 이 기술은 대부분 조상으로부터 물려받은 것이다. 관중 민속 거리의 장인들에게는 이런 풍경이 특별할 것 없는 평범한 일상이지만 도시인들에게는 잊혀진 향수를 불러일으킨다.

　　거리와 골목, 돌계단, 담벼락 등 마을 곳곳에서 고유한 가치와 매력을 이어 가는 마을 사람들을 만날 수 있다. 관중 지역 특유의 전통민속문화와 현대적인 시설이 결합된 독특한 미감을 느낄 수 있다. 특히 시골 체험 관광을 하고 싶은 사람들의 관심과 만족도가 높다.

　　위안지아춘의 자연과 마을 문화 외에도 사람들을 사로잡은 것은 음식 문화다. 위안지아춘은 2007년에서 2010년까지는 현지 민속 문화 체험을 강조한 '관중 지역 민속 문화 체험' 관광지로 알려지기 시작했지만 2011년부터는 '관중 지역 음식 관광 체험' 장소로 변모하며 관광객이 폭증했다. 2017년부터는 '위안지아춘'이란 자체 브랜드의 가치가 창출되었다. 불과 10여 년 만에 '농촌 관광 1번지'로의 위상을 구축한 셈이다.

위안지아춘의 브랜드 가치 창출

위안지아춘은 약 15년 전만 해도 62가구 인구 286명(2007년 기준)에 불과한 평범한 작은 마을이었다. 하지만 농촌 관광 진흥을 통해 현재 마을 내 780개 점포가 운영되고, 약 3,500명이 종사하고 있을 만큼 인구가 늘었다. 유명 관광지로 변신한 최근에는 연간 700만 명(2019년 기준)의 관광객이 다녀간다. 거두어들인 관광 수입은 5억 위안(약 918억 7,000만 원)의 성과를 올렸고, 마을주민 1인당 수입이 10만 위안(약 1,800만 원)을 초과 달성하는 등 큰 성공을 거두었다. 두부와 메밀국수 같은 지역 특유의 민속 음식, 찻집과 기예 공연, 놀이시설 등 2,000여 년 역사의 전통 동양 문명의 생활 방식과 더불어 현대적인 문화 공간, 레저 체험 등을 융합한 독특함이 눈길을 끈다.

위안지아춘의 브랜드 가치는 공동 번영을 위해 마을의 당黨지부, 마을 위원회 지도하에 마을 주민의 적극적인 참여로 이뤄진 결과물이다. 초기에는 시장이 불확실한 상태였기 때문에 수익보다 관심과 인기를 얻는 것이 더욱 중요했다. 마을 위원회는 '관중 민속 제1마을'이라는 목표를 내세워 그림자 연극, 연화, 직물 직조 등과 같은 지역 전통 문화를 선보였으며, 무대 위 노래와 연극을 통해 위안지아춘 문화 관광 산업을 일으키기 위해 노력했다.

위안지아춘 농촌 관광 브랜드의 성공적인 프로젝트 기획에는 몇몇 히트 상품의 역할이 컸다. 2015년 10월 국경일 황금연휴 기간 중 마을 내 한 요거트 가게에서는 단 하루만에 7만 개의 요거트가 팔렸고, 한 식료품 가게에서는 하루에 1만 근의 유채 기름과 하루에 수천 병의 식초가 팔렸다. 관광객들은 주민들이 실제 살고 있는 마을에서 산시성 관중 지역만의 깊은 역사와 문화 스토리를 체험할 수 있어 더 큰 매력을 느끼고 있다.

지역 관광 산업 개발뿐만 아니라, 지속 가능한 발전을 위한 브랜딩 방법 또한 모색 중이다. 2015년 8월에는 시안시 취장 인타이 백화점에 '위안지아춘'

브랜드로 시안 시내 첫 오프라인 매장을 열어 관중 지역 전통 미식을 시안 시민들에게 선보이며 '위안지아춘' 브랜드의 새로운 발걸음을 내딛었다. 2019년 기준 위안지아춘 브랜드 매장은 시안 시내 쇼핑몰에 17개 직영점을 열어 연간 3억 위안의 매출을 올리고 있다.

또한 소비자가 어떤 매장을 방문하더라도 동일한 브랜드 가치를 경험할 수 있도록 마을 브랜드 구축 과정에서 철저한 내부 규약을 정해 놓고 있으며, 이를 반증하듯 모든 점포에는 매장 곳곳에 고객과의 신뢰 의지가 담긴 헌장이 걸려 있다.

위안지아춘 미식 거리의 독특한 운영 방식

위안지아춘은 역사 깊은 관중 지역의 전통 문화와 현대적인 관광 요소를 융합한 농촌 관광의 성공 사례로 꼽는다. 마을 주민과 상가를 운영하는 상인들이 주체적으로 마을의 문화·여행 산업 발전에 따른 이익을 분배해 공동의 발전을 꾀하고 있다.

위안지아춘은 전체 구성원의 지분 참여 시행 등 상생을 위한 제도를 지속적으로 시행하고 있다. 마을 내 신뢰도 높은 상점은 더욱 전폭적으로 지원하고, 이익 배분은 매년 1억 위안 당 20%는 공동체에 남기고 80%는 마을 주민에게 배당하는 형태로 운영되고 있다.

특히 마을 위원회에서 운영하는 미식거리는 마을의 공동 번영을 위해 매장별 3:7, 4:6, 7:3 등의 분배 비율을 적용해 수익에 따라 이윤을 나누는 방식을 채택했다. 수익이 높은 곳은 이윤 분배 비율을 낮춰 주고 수익이 낮은 곳은 이윤 분배 비율을 높여 주며, 수익이 없지만 미식 거리에 꼭 필요한 매장의 경우 지원금을 지급해 매장별로 최소의 소득을 보장하는 방식이다.

이외에도 식자재 관리가 눈에 띈다. 위안지아춘 브랜드를 사용하는 모든 점포는 매일 고객의 음식에 신선한 재료만을 써야 된다는 내부 지침이 있다. 브랜드에서 운영하는 상가들은 반드시 지정 합작사에서 생산한 밀가루, 기름, 식초 등의 농산물을 사용한다. 마을 위원회가 직접 관리 감독해 지정 합작사의 안정적인 매출을 보장하고, 또 다른 한편으로는 신뢰할 만한 지정 합작사를 통해 첨가물이 없는 천연 식재료를 수급해 소비자들이 친환경 음식을 먹을 수 있도록 한다. 또한 식재료 손질부터 완성된 요리가 테이블 위에 오르기까지의 전 과정을 손님에게 빠짐없이 공개해 고객들의 신뢰를 얻고 있다. 예를 들어 현지에서 인기 있는 음식인 '량피'는 면 반죽에서 양념 첨가에 이르기까지 일련의 과정을 고객에게 처음부터 끝까지 보여줌으로써 고객 만족을 이끌어 내고 있다.

실제 삶 속에서 지역민, 지역 정부, 예술가, 경제인의 콜라보레이션은 우리 모두가 중요하게 여기는 공동체를 지키는 방법이 될 것이다. 위안지아춘은 집단 경제를 통해 공동 번영의 혜택을 혜택을 주는 모델이 되었다. 농촌 문화 관광 산업의 발전은 농민의 개인적이고 자발적인 행동이 아니라 모두 참여하는 공동체이자 오래된 농민 정신에 기반을 두고 있다.

마을 입구

쇼핑몰 내 위안지아춘 브랜드 매장

밝은 달이 비추는 마을, 밍위에
문화 체험의 휴양 마을로 재탄생하다

중국
청뚜 지사

문화 예술과의 콜라보레이션으로
새로 태어난 밍위에 마을

중국 과학자들은 달 탐사 프로젝트를 '상아공정嫦娥工程'이라고 명명했다. '상아嫦娥(항아姮娥)'는 중국을 포함한 동아시아의 전설에 등장하는 달의 여신이다. 달에는 선녀 항아와 옥토끼가 살고 있다.

항아는 왜 달로 도망쳐(항아분월姮娥奔月) 지금까지 그곳에 살고 있을까. 천상의 신이었던 항아와 남편 예羿의 이야기는 중국의 고전《산해경山海經》에 등장한다. 어느 날 하늘에 열 개의 태양이 떠올랐다. 세상이 온통 붉게 타오르는 것을 항아의 남편 예가 활로 쏘아 아홉 개의 해를 떨어뜨렸다. 아홉 개의 태양은 천제天帝의 아들이었다. 예는 그 벌로 신의 신분에서 인간으로 떨어졌다. 예는 해결책을 위해 서왕모西王母를 찾아갔다. 서왕모는 예에게 불로장생과 승천할 수 있는 영약을 주었다. 하늘로 돌아가고 싶었던 항아는 남편 몰래 영약을 먹고 달로 도망갔다. 그 후 달에 사는 옥토끼와 함께 그곳에 살았다는 전설이 지금껏 전해져 내려온다. 중국의 신화라지만 우리에게도 너무나 익숙한 이야기이다.

중국인들은 달에 대한 낭만적인 동경심을 품고 있다. 중국의 유명한 시인 소동파蘇東坡는 '수조가두 명월기시유水调歌头·明月幾時有'라는 시에서 '비록 만나지는 못해도 명절날 한날한시에 달을 바라보며 수천 리 밖의 가족을 그린다'고 써 그리움을 달랬다. 중국 쓰촨성四川省 청뚜시成都市 푸장현蒲江県 깐시진甘溪鎮에 위치한 밍위에 마을明月村은 최근 중국인들 마음속의 이상향처럼 여겨지는 편안한 마을이다. 밍위에 마을을 우리말로 풀어보면 '밝은 달이 비추는 마을'이다.

밍위에 마을의 염색 체험

©밍위에마을향촌여행합작사(明月村乡村旅游合作社)

밝은 달이 비추는 마을, 밍위에

밍위에 마을은 쓰촨성 청뚜시에서 90km 떨어진 곳으로 북동쪽을 제외하고는 모두 산으로 둘러싸여 있는 곳으로 당*나라와 송*나라 때부터 중요한 목재 생산지이자 300여 년 동안 중국 내 대표적인 도자기 생산지였다. 도로 확충을 진행했던 2014년 전에는 교통 조건이 좋지 않아 발전이 더디던 곳이었다. 723가구(2009년 기준) 2,218명이 거주하고 마을주민 1인당 연수입이 4,772위안(약 90만 원 미만)에 불과해 쓰촨성 내 대표적인 빈곤 지역이었다. 밍위에 마을은 2008년에 오랜 역사인 도자기 생산을 멈추고 대신 차, 대나무, 벼, 유채 등을 주력 생산물로 삼아, 관광 통합을 적극적으로 추진하고 있다.

밍위에 마을은 중국의 국가 문명촌, 농촌 산업의 고품질 발전을 위한 '10대 모범', 중국의 민주주의와 법치주의 시범촌, 중국의 농촌 관광 핵심 마을로 평가받아, 유엔 국제 지속 가능한 개발 파일럿 커뮤니티의 두 번째 세션에 선정되었다.

밍위에 마을 차밭

©밍위에마을향촌여행합작사(明月村乡村旅游合作社)

©밍위에마을향촌여행합작사(明月村乡村旅游合作社)

밍위에 마을 차밭

주민들 주도로 '밍위에 향촌여행합작사' 설립

중국은 경제발전을 위해 지난 30여 년간 개혁 개방 정책을 추진했다. 그 결과 밍위에 마을도 노년층 인구만 남고 젊은이들은 도시로 이주하는 공동화 현상이 발생했다. 이에 따라 노동력이 부족해지고 자금도 넉넉지 않아 농업 생산량도 점점 줄어들기 시작했다. 마을에서는 내부에서 합작사를 조직해 어려움을 헤쳐 나가자는 의견이 모아졌다. 마을 합작사의 기본 이념은 마을 주민이 주도하고 참여하는 것이다.

2015년에 마을 주민과 현지 정부는 협의를 통해 마을 주민, 현지 정부, 집체 기업이 동일 비율로 참여하는 '밍위에 향촌여행합작사'를 설립하기로 결정했다. 정부는 자금을 투자하되 이익을 환수하지 않고, 전문 기업 경영인을 영입하는 방식으로 운영할 것을 결의했다. 설립된 합작사는 전문 경영인을 CEO로 영입하고 지분과 급여를 지급하지 않는 대신에 영업 이익의 20%를 보수로 지급하기로 했다.

©밍위에향촌여행합작사(明月村乡村旅游合作社)

©밍위에향촌여행합작사(明月村乡村旅游合作社)

밍위에 마을
레스토랑과 객실

중국의 아름다운 휴양 마을로 변신

2015년 3월에 주민들과 지방 정부, 마을 집체 기업이 향촌여행합작사를 조직해 차와 대나무, 도자기 등을 테마로 한 향촌 여행 활성화를 위한 인프라 조성 및 마케팅을 펼쳤다. 당시 조성된 자금은 90만 위안(약 1억 7,000만 원)이었다. 당시 마을에는 음식점과 숙박 시설이 없었다. 향촌여행합작사는 '녹색농업'을 목표로 농민을 교육시키고 농산물의 품질 유지에 노력했다. 또한 밍위에 마을만의 특색을 살려 현지 농산물을 재료로 한 음식을 개발했다. 밍위에 마을은 옛 전통을 되살려 차와 대나무를 집중적으로 재배했고 이러한 노력은 지난 2017년에 중국 CCTV에 모범 사례로 소개되기도 했다.

밍위에 향촌여행합작사는 2015년부터 '이상적인 밍위에 마을' 프로젝트를 가동 중이다. 100여 명의 영향력 있는 예술가, 청년 사업가, 방송인 등을 마을에 거주하도록 했다.

마을에 국가 예술 마스터이자 유명한 도예가인 리칭李青, 2008 베이징올림픽 워터 큐브Water Cube의 수석 디자이너 자오샤오쥔赵晓钧, 패션 디자이너이자 작가이며 유명한 호스트인 닝위안宁远, 건축가 스궈핑施国平 등 주요 인사들이 합류했다. 마을을 산책하다 보면 언론인, 건축가, 장인, 시인을 만날 수도 있을 것이다. 이들은 30여 건의 창업을 지원하면서 '신촌민新村民'으로서 강연, 야학교, 화실 등 커뮤니티 활동을 통해 '원주민' 중 수십 명을 농업, 요식업, 숙박업 경영인으로 변신시켰다. 이외에도 다른 지역의 청년 150여 명이 밍위에 마을로 이주하는 데 기여했다. 이 이야기는 2018년 중국 CCTV 뉴스에 '인재 양성과 유치를 통한 농촌 활성화' 우수 사례로 보도되었다.

또한 예전부터 도자기를 생산한 밍위에 마을의 전통을 살려 도자 제작, 염색, 서예, 전통 음악 등 52가지의 전통 활동을 개발해 관광객 대상으로 체험할 수 있도록 프로그램을 만들었다. 이외에도 각종 도자기 전시 등 문화 교류 활동을 통해 마을을 알렸다. 마을 홍보 간행물 발간, 한중 도예 문화 교류, 국제 음악 축제 등을 개최해 외국 관광객 유치에도 힘을 쏟았다.

밍위에 마을을 찾는 관광객이 늘어남에 따라 생태 보행길 건설, 화장실 개선, 체육 시설 마련, 생활쓰레기 분리수거 제도화, 마을 환경 개선에도 힘썼다. 차밭, 대나무 숲, 소나무 숲을 보전하기 위해 주민들의 환경 보호 의식 교육도 강화했다.

'밍위에 마을'이라는 문화 브랜드

마을에서는 45개 외부 기업, 마을 주민 주도의 30개 사업을 전개(2020년 기준)해 오고 있으며, 마을 주민의 일인당 연평균 소득은 2013년 1만 1,146위안(약 200만 원)에서 2021년에는 2만 8,254위안(약 520만 원)으로 증가했다. 마을 주민도 크게 늘어나 1,237개 가구 4,086명(2021년 기준)이 거주하고 있다. 이러한 노력으로 쓰촨성 향촌진흥대회의 주요 참관지역 중 하나로 선정되었다. 2017년부터 지금까지 '전국 문명 마을', '전국 향촌 여행 중점 마을', '중국의 아름다운 휴양 마을' 등으로 선정되었으며, UN 국제지속가능발전 시범 마을 후보로 선정되었다.

밍위에 마을은 문화 예술제, 시 낭송회 등을 개최해 '밍위에 마을'이라는 문화 브랜드를 만들었다. 문화 창의적 진흥은 밍위에 마을 사업 운영의 중요한 출발점이었다. 차 계곡과 소나무 숲에 50개의 문화 창작 프로젝트가 흩어져 있고, 100여 명이 넘는 도예가, 예술가, 디자이너가 시골에 거주하며 새로운 마을 사람들과 원주민들이 서로 도우며 이상적인 마을을 만들어가고 있다.

2014년에는 '밍위에 국제도자기마을'로 탈바꿈했다. 밍위에국제도예촌 프로젝트팀이 설립되어 프로젝트 기획, 투자 촉진, 홍보, 관리를 담당하고 3+2 독서 클럽, 상하이 i20 등 공익 단체가 상주하고 있다. 도서관, 명월강당, 농촌 건설 모형 연구 등 다양한 프로젝트도 추진 중이다. 불과 몇 년 사이에 거의 100명의 새로운 사람들이 마을에 들어왔고 45개의 해외 프로젝트와 30개의 마을 프로젝트가 운영되기 시작했다.

최근 몇 년 동안 푸장현은 농촌 활성화를 촉진하기 위해 '청결하고 정직한 마을' 건설을 시작했다. '하나의 향, 하나의 브랜드, 하나의 마을, 하나의 특성'이라는 목표로 풍부한 지역 역사 문화, 농경 문화, 민속 문화, 산업 문화 등을 농촌 건설에 통합시키고 있다.

중국도 다른 나라와 마찬가지로 향촌 인구의 노령화와 빈곤 문제가 심각하다. 이에 매년 향촌 발전과 진흥을 가장 중요한 정부 시책으로 삼고 있다. 요즘 중국 내에서 대도시 근교 향촌 여행의 붐이 일어 관광을 매개로 한 향촌 발전에 큰 도움이 되고 있다. 특히 코로나19 팬데믹으로 인해 해외여행이 힘들어진 현 상황에서 중국 향촌 여행 시장은 전례 없는 발전의 기회를 맞고 있으며, 국내 여행 시장 성장을 선도하고 있다. 밍위에 마을의 다른 이름은 이상촌이다. 중국인들이 달을 이상적인 상징으로 여기듯, 밍위에 마을은 중국인의 또 다른 이상향으로 거듭나고 있다.

●명월요, 도예 체험

2012년 마을에 '장완창^{張碗廠}'이라 불리는 고대 가마가 재발견되었다. 쓰촨성에서 유일한 '살아 있는 경가마'로 '명월요^{明月窯}'라는 이름으로 복원되었다. 이곳에서 도예 체험을 할 수 있다.

명월요 돌길을 따라 걷다 보면 옛 가마터와 체험터가 나온다. 이 길은 비록 짧은 길이지만 마치 300여 년 전 장인을 만나러 가는 길처럼 숭고하다. 명월요는 도예 체험 후 간단한 식사를 제공하며 사전 예약이 필요하다.

©밍위에향촌여행합작사(明月村乡村旅游合作社)

밍위에 마을 도자전시실과 다실

●천연 염색 체험

밍위에 마을의 대표적인 체험인 천연 염색체험을 할 수 있는 곳으로 'Far Sun Room'으로 불리운다. 유명 방송인이자 패션 디자이너인 닝위안^{宁远}이 마을의 건축물을 임대, 보수하여 습기와 채광 문제를 해결한 후 천연 염색 체험장으로 운영하고 있다.

●찻잎 따기

푸강^{蒲江}은 차가 풍부하다. 마을 사이 길을 따라가다 보면 양쪽 차밭에서 차를 따는 마을 사람들을 어디에서나 볼 수 있다. 매년 가장 좋은 차 따기 시즌은 3월에서 5월이다. 이때 방문한다면 직접 차를 따는 체험을 할 수 있다.

●과일 따기

마을 대부분의 땅에 차를 심는 것 외에 나머지는 거의 모든 작물이 키위 과일이다. 푸장의 키위는 맛있기로 유명하다. 이곳에서 과일 따기 체험을 할 수 있다.

이외에도 각계각층의 예술가들이 독특한 체험 프로젝트를 제공하고 있다. 마을 식당에서는 신선한 재료로 만든 특색있는 음식을 비교적 저렴한 가격으로 먹을 수 있다. 지역 주민들의 마당에서 평범한 농가 요리를 맛볼 수도 있다. 마을에 도착하면 리셉션 센터에서 자전거를 빌려 타고 여행하기를 권한다.

밍위에 마을 내 연꽃

자연 생태계 복원을 통해
지속 가능한 생태 관광을 선보이다

말레이시아
쿠알라룸푸르 지사

오지 마을 바투 푸테와 관광객을
이어주는 지역 기반 협동조합 KOPEL

바투 푸테

기후 변화 위기로 여행에서도 생태 관광에 대한 관심이 점점 늘어나고
있다. 오늘날 생태 관광은 여행산업에서 가장 빠르게 성장하는 분야 중 하나이
다. 사람들은 최근 글로벌 팬데믹 위기를 지나면서 도시 여행과 달리 느긋한 생
활 방식과 신선한 공기가 풍부한 자연을 찾고 있다. 에코투어ecotour라는 단어가
옥스퍼드 영어사전에 처음 기록된 것은 1973년이다. 그 뒤 1982년에 생태 관광
ecotourism이 뒤를 이었다. '생태 관광'은 '파괴되기 쉽고, 원시 그대로이며, 보통 외
부의 영향을 거의 받지 않은 보호지역 또는 소규모 지역(대중 관광의 대체물로
서)을 책임 있게 여행하는 것'이라고 정의 내리고 있다[1]. 하버드 대학의 국제 지

1. 출처 : 위키백과 https://ko.wikipedia.org/wiki

©카작 투어리즘

속 가능한 관광 이니셔티브 International Sustainable Tourism Initiative 책임자인 에플러 우드 Epler Wood 는 생태 관광을 '환경을 보존하고 지역 주민들의 복지를 향상시키는 자연 지역으로의 책임 있는 여행'이라고 명명했다. 덧붙여 필요한 모든 수단으로 자연과 야생 동물을 보존하는 것 외에도 목적지 또는 비즈니스의 관광 개발 전략이 원주민에게 구체적인 재정적 이익을 적극적으로 제공하지 않는다면 진정한 생태 관광이 아니라고 역설했다.

2021년 유엔세계관광기구 UNWTO 최고 관광 마을상을 수상한 사바 Sandakan 주의 한 마을인 캄풍 바투 푸테 Kampung Batu Puteh 는 '생태 관광'의 좋은 사례임에 틀림없다. 바투 푸테는 말레이시아가 계속해서 광범위하게 홍보하고 있는 책임 있는 농촌 관광, 생태 관광 및 지역 사회 기반 관광의 성공적인 모델이다.

캄풍 바투 푸테, 유엔세계관광기구 최고의 관광 마을상 수상

지난해 스페인 마드리드에서 열린 유엔세계관광기구 최고의 관광 마을상에 말레이시아 사바주의 한 마을인 캄풍 바투 푸테 마을이 수상 지역으로 선정되었다. 2021년 처음 시행된 최우수 관광 마을 선정 사업은 유엔세계관광기구가 관광을 통한 농어촌 인구 감소와 지역경제 불균형을 해소하고자 시작한 사업이다. 선정 이후에는 우수 관광 마을로 선정된 지역의 관광 자원을 발굴하고 홍보를 지원한다. 시행 첫해인 2021년에는 전 세계 75개국의 175개 마을이 참가해 34개국 44개 마을이 '최우수 관광 마을'로 선정됐다.

바투 푸테가 선정된 주요 이유 중 하나는 관광협동조합인 'KOPEL Bhd'의 커뮤니티 기반 관광 마을 조성에 있었다. 바투 푸테 마을은 사바의 키나바탕안 강 하류에 있는 지역으로 지역 농촌 사람들, 어부와 농부들이 공동체를 이루고 있는 마을이다. 1956년 이맘 유소프 마리와 Imam Yusof Mariwa 가 친척들과 함께 처음 탐험해 발견한 곳으로 이 지역에서 가장 오래된 마을이다. 바투 푸테의 독특한 이름은 마을에서 600m 떨어진 키나바탕안 강 유역에 위치한 커다란 흰색 바위에서 유래했다. 수천 년 동안 로어 키나바탕안의 토착민 오랑숭가이족은 식량, 의약품, 가정용품 및 무역 제품을 구하기 위해 열대 우림에서 살아왔다.

바투 푸테

©카작 투어리즘

오지마을 '바투 푸테' 공동체와 청년들의 도전정신

오랑숭가이족의 생활은 숲의 거대한 나무를 베어낼 수 있는 대형 불도저가 등장한 1960년대부터 극적으로 변했다. 전통적인 산림 자원의 감소로 인해 많은 지역 주민들이 무역과 생계의 유일한 원천으로서 목재에 의존하게 되었다.

숲과 산림에 의존하는 삶은 1980년대 저지대 숲이 영구적인 농경지로 전환되면서 유지할 수 없었다. 토지를 가진 사람들은 생존을 위해 전통적인 농업을 포기하고 상품 작물을 채택하게 되었고, 땅이 없는 사람들은 생존을 위해 다른 직업을 찾아야 했다.

키나바탕안의 바투 푸테 공동체는 결국 산림보호구역인 핀수푸Pin Supu 산림보호구역으로 둘러싸일 수밖에 없었다. 핀수푸와 같은 산림보호구역은 1980년대 초 농업을 위해 동부 저지대를 크게 보수하는 동안 보호되었다. 극적인 사회 문화적 변화의 시대에 지역 주민들은 적응해야 했고, 바투 푸테의 여러 마을에서 온 30명의 선구자 그룹이 모여 생태 관광이라는 대체 방안을 만들었다. 이 헌신적인 그룹은 1996년부터 MESCOT 이니셔티브를 형성했다. 이들은 생태학적으로 지속 가능한 관광 벤처를 시작하는 데 필요한 것을 배우고, 기술을 향상시키고 계획하고, 이를 통해 지역 사람들을 위한 수입을 창출했다. 이들의 목적은 해당 지역의 열대 우림과 전통 문화 유산의 마지막 남은 흔적을 보호하는 것이다.

1996년 바투 푸테 공동체는 중요한 전환점을 맞았다. 대기업은 대형 불도저를 동원해 40년 이상 자란 열대 우림의 거대한 통나무를 베어 냈다. 그동안 누렸던 전통적인 삼림 기반 문화는 사라지고 일자리가 없는 광활한 풍경 안에 버려졌다.

청년 그룹은 3년 동안 연구, 교육을 통해 5개의 주요 제품을 설립하고 미소 왈라이 빌리지 홈스테이^{Miso Walai Homestay}, 마야두탈루드 보트 서비스^{Maya do Talud Boat Service}, 웨이언 포레스트^{Wayan Forest}를 포함해 마을 전체에 4개의 개별 관광 협회를 설립했다. 2000년에는 가이드 서비스 및 모놈포스^{Monompos} 문화 그룹을 결성해 초기 3년간의 소규모 생태 관광 활동을 운영한 후 2003년 마을관광협회가 힘을 합쳐 지역협동조합 KOPEL Bhd을 설립했다. 협동조합은 주변 생태계와 지역 문화(언어 및 전통 지식, 음악 및 춤 포함)를 보존하는 데 도움이 되는 지역 역량을 훈련하고 구축하는 동시에 다양한 관광 상품과 활동을 통해 지역 사회에 소득을 창출하기 시작했다.

바투 푸테 마을은 자연 생태계 복원과 지속 가능 관광을 체험하는 대표적인 사례로 손꼽히며 많은 학생 단체들의 방문이 이어지고 있다. 실제 바투 푸테 마을 방문객의 약 70%가 학생 단체이며, 말레이시아 국내뿐 아니라 해외 방문객도 지속적으로 증가하고 있다.

KOPEL 로고

©카작 투어리즘

©카작 투어리즘

바투 푸테

MESCOT KOPEL의 설립

2003년 바투 푸테 인근 마을에 구성된 각각의 협동조합은 말레이시아 협동조합법에 기반한 KOPEL[2]이라 명명된 기업을 설립했다. KOPEL의 설립 목

---

2. The Koperasi Pelancongan Mukim Batu Puteh Berhad/Batu Puteh Community Tourism Cooperative Ltd. (바투 푸테 지역 관광협의체)

적은 바투 푸테 지역의 자연 생태계를 복원하는 동시에 지역 주민들의 빈곤을 퇴치하는 것이다.

MESCOT[3] KOPEL의 핵심 과제는 지역 주민들이 생활해 나갈 수 있는 지속적인 수입원 발굴과 열대 우림 파괴로 황폐화된 자연 생태계 복원이다. 1990년대에 말레이시아는 열대 우림 보전과 지속 가능한 관광의 개념을 도입하고 수십 년간 지속되어 온 열대 우림 벌목과 농경지 확보를 위한 인위적인 숲 불태우기를 금지하기 시작했다. KOPEL은 열대 우림 벌목 사업 이후 버려진 지역에 나무 심기를 통한 열대 우림 복원 활동을 시작했다. 2003년 설립 당시 KOPEL은 이미 60ha(60만㎡)의 황폐화된 지역에 나무 심기를 진행하고 있었고, 이후 나무 심기 사업을 지속해 현재까지 바투 푸테 지역 900ha(900만㎡)의 땅에 25종, 약 40만 그루의 나무를 심었다.

KOPEL은 나무 심기를 통한 자연 생태계 복원 작업과 함께 생태 관광을 통한 지역 경제 활성화와 주민들의 소득 창출을 위한 활동을 병행했다. 특히 나무 심기 체험 자체를 마을의 특화 관광 상품으로 정립하고 나무 심기 활동을 중심으로 지역의 다양한 문화 체험 관광 상품을 연계해 생태 관광을 통한 일자리 창출과 지역 문화 보전, 생태계 복원이라는 다양한 목표를 실천 중이다.

KOPEL은 말레이시아와 세계 각국 청소년들에게 나무 심기 활동 체험과 생태 관광 체험을 제공하고 있다. 또한 협동조합에 포함된 마을 홈스테이 프로그램, 리버보트 체험, 밀림 가이드 서비스, 문화 예술 프로그램, 툰고그[Tungog] 열대 우림 생태 캠프 등의 프로그램을 운영해 관광 소득을 창출하고 있다.

바투 푸테 마을 협동조합의 합리적인 운영 방식

KOPEL은 지역 4개 마을 300여 명이 조합원으로 참여한 조직이다. 조합 운영을 통한 수익은 지역 주민들에게 환원되며 KOPEL을 통한 바투 푸테 마을의 각 관광 서비스 홍보와 마케팅, 예약 등으로 발생한 수익은 마을로 돌아간다. MESCOT KOPEL은 지역 기반 협동조합이라는 성격과 지역의 4개 마을

---

3. Model Ecologically Sustainable Community and Tourism

(바투 푸테 마을, 멘가리스 마을Mengaris Village, 페르파두안 마을Perpaduan Village, 싱가마타 마을Singgah Mata Village)이 각각 운영하는 관광 서비스들의 홍보와 예약 등 운영 체계를 통합했다. 홍보와 예약 서비스는 KOPEL이 총괄하고 각각의 시설과 서비스는 각 마을의 조합들이 운영하고 있다. MESCOT KOPEL은 홈스테이, 에코캠프, 자원 봉사, 정글 트레킹, 강 크루즈, 새 관찰, 동굴 탐험 등 다양한 프로그램을 진행하고 있으며, 이곳에 방문하고자 하는 관광객들은 KOPEL을 통해 이들 서비스를 포함한 지역의 관광 프로그램을 예약할 수 있다.

바투 푸테 마을은 지역 주민들이 주도해 관광과 지역 생태 복원과 지역주민의 일자리 창출을 동시에 이뤄낸 사례다. 사바주 정부는 바투 푸테 마을을 지속 가능 관광을 통한 지역 경제 회복의 모델 사례로 선정하고, 이 모델을 사바주 전체에 확산시키기 위한 방안을 수립하고 있다.

Tip MESCOT KOPEL의 주요 서비스

● **툰고그 레인포레스트 에코 캠프**Tungog Rainforest Eco Camp, TREC
바투 푸테 지역의 툰고그 호수 변에 위치한 생태 캠프. 보루네오 열대 우림 생태계를 관찰할 수 있으며 캠프 주변에서 혼빌, 오랑우탕 외 열대 조류들을 관찰할 수 있다.

● **수푸 어드벤처 캠프**Supu Adventure Camp
바투 푸테 인근 자연 동굴과 등산, 야간 정글 트레킹 등 모험을 제공하는 체험 캠프에 참여할 수 있다.

● **미소 왈라이 빌리지 홈스테이**Miso Walai Village Homestay
바투 푸테 지역의 원주민 '오랑숭가이' 부족의 전통 생활 방식을 체험할 수 있는 홈스테이다. 홈스테이 체류 중 해당 지역의 야생 생태계를 관찰할 수 있는 야생 체험 리버 크루즈 체험과 오랑숭가이 부족의 전통 음식 만들기, 열대 과일 체험 등이 제공된다. 또한 홈스테이 기간 중 주민들을 위한 영어 교사 봉사 활동도 가능하다.

안내: www.kopelkinabatangan.com

도로 휴게소를 활용해
지역 먹거리, 볼거리의 매력을 소개하다

일본
도쿄 지사

지산지소와 지역 설화를 활용한
지역민, 대학, 정부의 콜라보레이션

후지오야마 휴게소

지구촌이라는 말이 쓰일 만큼 모든 게 하나인 것처럼 가까워졌다. 오늘 식탁 위에 올라온 식품들의 원산지를 꼼꼼히 따져보면 세계적인 밥상임을 금세 알 수 있을 것이다. 그래서인지 요즘은 식료품을 사면서 푸드 마일리지를 확인하는 습관을 가진 이들이 꽤 늘었다. 미국산, 터키산, 스페인산, 중국산, 일본산, 호주산…, 수천에서 수만 km 떨어진 곳에서 온 식재료들을 보면서 사람들은 무슨 생각을 할까.

푸드 마일리지는 식품이 생산되는 곳에서 수송되기까지의 거리를 나타내는 용어로 1994년 영국의 환경 운동가 팀 랭^{Tim Lang}이 제시한 개념이다. 처음에는 우리의 식탁이 자연과 가깝고 건강하기를 바라는 개념이었지만, 환경 오염 문제와 지구 온난화가 전 세계인의 과제로 부상하기 시작하면서 이제는 다른 관점에서 해석되기 시작했다. 식품의 세계화에 따라 생겨난 이 새로운 개념은 식품이 소비되기까지의 거리뿐만 아니라 그 과정에서 발생하는 이산화탄소를 확인하는 것이 더 중요하다는 사실을 일깨워 준다.

일본에서는 오래전부터 푸드마일리지닷컴(http://www.food-mileage.com)을 통해 푸드 마일리지 캠페인을 전개해왔다. 푸드 마일리지를 이산화탄소 배출량으로 환산해 포코^{poco}라는 단위를 사용하는데, 이를 통해 우리가 일상에서 많이 소비하는 식품들의 탄소 배출 정보를 인지하고 환경과 지구를 위해 행동하자는 취지다.

일본에서 일어난 '지산지소^{地産地消} 운동'은 자신이 사는 곳에서 4리 4방 이내에 생산된 것을 먹으면 건강해진다는 말에서 유래한 것으로, 지역 소비자의 기호를 반영한 농산물을 생산하고, 이를 지역에서 바로 소비하게 만듦으로써 생산자와 소비자를 연계하는 활동을 말한다.

지산지소 개념으로 일찍부터 자연과 환경, 기후에 관심을 기울여 왔던 일본에서, '후지오야마' 도로 휴게소를 활용한 지역의 특색 있는 신상품 개발 프로젝트는 당연한 화젯거리다.

관광 명소로 변화하는 도로 휴게소

시즈오카현 슨토군 오야마초^{小山町}는 시즈오카현의 북동부 쪽, 카나가와

현, 야마나시현의 접경 지역에 위치한 2만 명의 소규모 지방도시다. 북서쪽으로는 후지산이 있고 세계문화유산인 후지센겐 신사가 자리잡고 있다. 시즈오카현은 '산업의 백화점'이라고 불릴 만큼 의약품, 의료기기, 화장지, 화장용 파운데이션 등 시장 수요가 큰 산업이 많이 소재해 있다. 그중 오야마초는 도쿄에서 약 100km 떨어진 곳으로 편리한 교통편을 자랑한다. 이런 이점으로 인해 1896년 후지보홀딩스㈜, 배스킨라빈스 등 식품, 외식 관련 공장도 가동 중이다. 그러나 오야마초에서는 일찍부터 지역경제 활성화를 위한 지역의 오리지널 상품이 부족하다는 문제 인식을 갖고 있었다.

이 문제를 해결하기 위해 시정부에서는 후지노쿠니 지역 대학 컨소시엄에 해당 과제를 의뢰했다. 이에 도쿄하대학 오오쿠보 세미나에서 해당 과제를 할당받아 후지오야마 도로 휴게소를 활용한 지역의 특색 있는 신상품 개발을 위한 프로젝트를 진행하게 되었다.

도로 휴게소는 국토교통성이 1993년 창설한 도로 휴식 시설을 뜻한다. 프로젝트가 시작된 2017년 3월 시점에 시즈오카현 내에는 23개소가 운영 중이었다. 보통 휴게소라면 도로 이용자를 위한 휴식 기능, 도로 이용자나 지역민을 위한 정보 발신 기능 등 전통적인 목적을 떠올리기 쉽지만, 그 외에도 도로 휴게소를 매개로 마을 간 협력 체계를 맺어 활력 있는 지역 만들기를 진행하는 지역 연대 기능을 갖는 등 다양한 활용안이 있다. 특히 재해 재난 시 피해 복구를 위한 거점으로서 중요한 역할을 한다.

최근에는 소비자들에게 단순 휴게 시설이 아닌 지역 자원을 활용한 상품을 접할 수 있는 매력적인 관광 목적지로 바뀌는 추세다. 특히 그 지역에서만 생산되는 특산품을 판매하거나 식사가 가능한 곳 등 TV 프로그램이나 관광 가이드북에서 여행 특집 기사로 소개되는 경우가 많아 도로 휴게소에 대한 인식이 바뀌고 있다.

후지오야마 도로 휴게소는 국도 246번(도쿄도-카나가와현)에 존재하는 유일한 휴게소로, F1 일본 그랑프리 개최지인 후지스피드웨이, 벚꽃 명소인 후지레이엔(공원묘지)이 가까이 있다. 연간 약 60만 명이 식사, 쇼핑하는 휴게소로서 중요한 역할을 수행 중이다.

후지오야마 휴게소 내 현지 농가 소개 코너

후지노쿠니 지역 대학 컨소시엄의 지역 경제 활성화를 위한 공동 연구

도쿄하대학 오오쿠보 세미나 팀은 도로 휴게소에서 외지인을 대상으로 다면조사를 진행해 이를 토대로 후지오야마 지역 특산품의 판매 대상을 설정한 후 콘셉트 개발, 상품 테스트를 거쳐 판매 통로를 마련했다. 후지오야마를 비롯해 시즈오카현 내 도로 휴게소 다섯 군데에서 24시간 대면 관찰 조사를 진행했으며, 그 결과 휴게소 후지오야마의 특징은 다음과 같았다.

첫째, 246번 도로는 산업용 도로로 기능하고 있어, 트럭 운전사가 휴게소 이용자 중 다수를 차지한다. 이곳에서는 일반차를 포함해 차박을 하는 이용자가 많다. 즉 야간 이용자가 많다는 의미다. 둘째, 6km 떨어진 곳에 대규모 공원묘지인 후지레이엔이 있어서 수도권 참배객 이용자가 많았다. 꽃 구입 목적으로 도로 휴게소 방문 후 추가적인 구매로 이어지는 수요가 높다. 셋째, 2회 이상 방문하는 재방문 고객이 77%(10월 조사)로 많았다. 슈퍼마켓 대신 이용하는 경향을 보였고 야채나 떡이 인기 상품이었다.

이와 같은 도로 휴게소 '후지오야마'에 대한 각종 회의와 시장 조사를 통해 최종 세 가지 개선 방안을 도출했다. 첫째, 지역의 특징 및 이용자 행태를 고려한 신상품 개발, 둘째, 운전자가 쉽게 식사할 수 있도록 한 손으로 들고 먹을 수 있는 꼬치 형태 음식이나 떡에 여러 가지 토핑을 얹어 즐길 수 있는 상품 개발, 셋째, 도로 휴게소 레스토랑 메뉴의 구성 재정비다. 특히 레스토랑 메뉴가 많을수록 선택에 어려움이 있으므로 메뉴를 대상별(운전자 · 관광객 · 현지 주민)로 나누고 인기 메뉴를 선정해 소비자에게 추천할 것을 제안했다.

긴타로의 고향 후지오야마 : 지역 특색이 살아 있는 홍보 마케팅

후지오야마 휴게소에 들어서면 가장 먼저 긴타로金太郞 조각이 관람객을 맞이한다. 도코하대학 연구팀은 후지오야마 휴게소의 상징물로 긴타로(일본 전설 속 캐릭터)를 제안했다. 후지오야마가 긴타로의 고향이라는 콘셉트를 활용해 홍보에 다양하게 활용해 보자는 의미였다.

긴타로 동상

휴게소 내부 식사 공간

긴타로 상품

긴타로 베이커리

또한 야채 등 상품 판매 코너에는 지역에서 채취되는 야채의 이름과 조리 방법 등을 상품 설명에 붙여 함께 판매할 것을 제안했고, 시식, 다도 체험 등 지역의 특산품을 체험할 수 있는 장소를 마련했다.

프로젝트 회의 후 도로 휴게소를 전면 리뉴얼해 재개장했다. 개장 이벤트로 음식 특설 판매 코너를 설치하고 판매를 실시했다. 재개장 후 도로 휴게소 곳곳을 긴타로 캐릭터로 장식했다. 야채 코너도 밝고 눈에 띄며 알기 쉽게 바꾸었고, 도로 휴게소 관계자와 학생이 의논한 이미지가 구현되었다. 프로젝트 종료 후 마을에서는 각자의 경험과 의견을 나누면서 서로 성장한 모습을 지켜보았다.

오야마초 공동 프로젝트는 이후에도 지속적으로 진행 중이다. 2017년도에는 인바운드 관광객 유치를 위한 모니터링 투어로 농가 방문, 음식 만들기 등을 포함한 팸투어를 실시하기도 했다.

또한 마을의 상징인 긴타로를 활용한 PR 방법도 고안 중이다. 지금까지는 긴타로의 공식 이미지를 제작해 통일된 마케팅을 진행하거나 긴타로바움쿠헨, 긴타로버거, 긴타로제빵 등 긴타로 활용 상품을 만드는 데 그쳤지만, 후지오야마가 긴타로의 탄생 지역임에도 불구하고 관련 내용이 잘 알려지지 않았다는 점에 착안해 적극적인 스토리텔링 방안도 연구 중이다.

'지산지소'로부터 시작되는 지역 경제 활성화

1차 산업이 주를 이루는 지방에서는 지역민들이 '지산지소'를 통해 지역 경제가 활성화되기를 기대하고 있다. '지산지소'는 지역에서 생산한 농수산품, 가공품을 생산 지역에서 소비하는 활동을 일컫는 용어로 1980년대 중반부터 사용하기 시작했다. 생산지에서 식탁까지의 거리가 짧은 식재료를 소비해 운송에서 발생하는 환경 오염을 줄인다는 점에서 '푸드 마일리지'와 유사하다. 지산지소는 생산자에게는 생산 지역 근처의 위탁 판매소(도로 휴게소)를 통해 소비자와 만날 수 있다는 장점이 있으며, 소비자에게는 생산자에 대한 신뢰도와 함께 지역에서만 소비 가능한 특산품을 만난다는 점에서 높게 평가를 받고 있다.

후지오야마 휴게소에서는 오야마초 공동 프로젝트를 진행하는 동안 오야마초에서 생산하는 쌀품종 '미네노유키'를 사용한 떡의 판매가 비약적으로 증가했다. 떡 매출이 2016년 1,700만 엔(약 1억 6,400만 원)에서 2019년 2,500만

엔(약 2억 4,000만 원)으로 급증한 점만 보더라도 본 프로젝트가 지산지소를 실현하는 데 있어서 유의미한 성과를 거두었다고 평가할 수 있다.

오야마초 공동 프로젝트는 대학생 세미나가 주도적으로 조사 연구를 진행했는데, 학생들은 강의나 클럽 활동, 학교 축제 등 자유로운 분위기에서 아이디어 창출, 제안서 제작, 홍보 및 발표를 지속적으로 진행해 왔다. 이러한 것들이 바탕이 되어 대학생들은 재기발랄한 아이디어를 현실화할 수 있었다.

본 지역 경제 활성화 프로젝트가 성공한 이유는 정부와 지역, 대학이 각자의 역할과 고유한 능력을 살려 서로 협업한 점이 컸다. 정부는 지방을 새롭게 살리기 위한 사업을 진행했고, 대학 기관은 연구 조사와 적합한 해결 방안을 제시, 지역 단체는 신규 사업을 전개하는 데 서로 협동한 점이 유효했다. 세 전문팀들이 맡은 바 임무에 최선을 다해 시장 조사에서부터 시제품, 실험 판매, 상품 개발의 단계가 원활하게 이루어졌다. 프로젝트가 끝난 후에도 지역을 중심으로 한 새로운 연결 고리가 생겨 지역 발전을 위해 상호 노력이 지속적으로 이어지고 있다.

Tip 　일본 전설 속 캐릭터 긴타로의 고향 후지오야마

사카타노 긴토키는 미나모토노 요리미쓰의 소위 '요리미쓰 사천왕賴光四天王' 중의 한 사람으로 주군 요리미쓰를 도와 각지에서 활약했다. 긴타로는 어릴 적 이름으로 일본에서는 그를 소재로 소설, 만화, 애니메이션이 제작되었다.
마녀의 손에 자라 초인적인 힘을 지녔다는 전사 '사카타 긴토키(긴타로)'는 긴토키 산(해발 1,212m) 산비탈에서 자랐다고 전해진다. 긴토키진자 이리구치 버스 정류장에서 긴토키 신사로 이어지는 루트를 따라가다 보면 긴타로 설화 속 그가 사용했다고 전해지는 거대한 도끼를 볼 수 있다. 긴토키 산 정상에 오르면 찻집에서 다과를 즐기며 후지산과 오와쿠다니 협곡의 탁 트인 풍광을 볼 수 있다.

민관 협력으로 농촌 지역 관광, 문화유산 활성화를 모색하다

프랑스
파리 지사

농촌시장협회와 에어비앤비의
협력으로 재발견되는 브르타뉴

화가 폴 고갱^{Paul Gauguin}은 파리, 브르타뉴, 마르티니크 섬, 타히티 섬을 오가며 그림을 그렸다. 프랑스의 서북부에 위치한 브르타뉴 지방의 물방앗간을 그린 풍경화와 〈브르타뉴 아낙네들〉, 브르타뉴 풍경은 파리 오르세 미술관에서 볼 수 있다. 〈브르타뉴 아낙네들〉을 보면 타히티 섬의 여인들을 떠올리게 된다. 그녀들이 쓴 흰색 모자와 브르타뉴 민속 의상, 신발이 이국적으로 느껴지고, 여인들 뒤쪽으로 보이는 숲은 거대한 열대림처럼 보인다.

고갱은 푸르른 아벵 강 하구에 위치한 아늑한 빛의 도시 퐁타방^{Pont-Aven}에 매료되었다. 1894년에 그린 〈브르타뉴의 여인들〉은 폴 고갱의 일생 중 가장 어려웠던 시기에 그린 것이라 한다. 이 그림에는 처음 퐁타방에 머물렀을 때 그린 작품과 대서양에 위치한 마르티니크 섬과 타히티에 머물며 그린 작품들에서 드러난 강렬한 색감과 선 굵은 특징들이 고스란히 드러난다.

실제 브르타뉴^{Bretagne}는 프랑스에서 고립된 지역이었다. 이곳 주민들이 쓰는 고유한 언어와 음식 문화, 중세 기독교의 문화유산과 돌멘(고인돌)과 맨히르(수직으로 세운 돌)는 여타 프랑스에서는 볼 수 없는 신비한 분위기를 드러낸다. 또한 영국의 켈트족이 이주해 살던 이 지방은 언어와 풍습이 달랐다. 이런 이국적인 분위기 때문에 화가들은 남프랑스를 찾듯이 브르타뉴의 퐁타방과 르 플뒤^{Le}

Pouldu로 이주해 예술 공동체를 형성했다. 1880년 중반 고갱 외에도 에밀 베르나르Emile Bernard, 폴 세뤼지에Paul Sérusier, 막심 모프라Maxime Maufra, 마이어 드 한Meijer de Haan, 샤를 라발Charles Laval, 에밀 슈페네커Emile Scheffenecker, 아르망 스겡Armand Seguin, 에밀 베르나르Emile Bernard 등이 이곳에 모여들었다. 이후 이들을 타벤파Pont-Aven School라고 칭했다.

　　화가들이 브르타뉴를 사랑했듯이 요즘 많은 프랑스 내외국인들이 브르타뉴를 찾고 있다. 푸르른 아벵강 하구, 풍차, 공동 빨래터, 돌다리, 화가들이 사랑했던 '사랑의 나무'라는 뜻을 지닌 부아 다무르Bois d'Amour 등 최근에는 프랑스 마레 브르타뉴 방데앙Le Marais Breton Vendéen이 화제의 중심에 서 있다.

　　프랑스 브르타뉴 중서부 지방 방데Vendée에 위치한 르 마로Le Marô는 4만 5,000ha(450km²) 규모의 만과 습지로 이루어진 자연문화유산 지역으로 브르타뉴 습지Le Marais Breton Vendéen라고도 불린다. 이곳은 숨막히는 풍경과 자연, 동식물, 역사와 문화유산으로 인해 독특한 풍경을 자랑한다. 브르타뉴 습지는 7,000km의 운하가 이어지며, 갈대밭과 습한 초원으로 이루어진 마레 브르타뉴 방데앙은 엄청난 생물학적 보고이기도 하다. 한눈에 펼쳐지는 수평선, 계절에 따라 변하는 색과 맑은 자연 풍경은 많은 이들의 발길을 붙잡는다. 2020년에는 프랑스 관광장관이 수여하는 제3회 2020년 지속 가능한 관광상la Palme du Tourisme Durable을 수상했다.

프랑스 브르타뉴 습지

©Le marô/Stéphane Grossin

프랑스 브르타뉴 습지

민관 협업 그룹을 통한 브르타뉴 습지 개발

유럽연합^{EU}은 2014년부터 유럽 내 농촌 개발을 위해 유럽농촌개발기금^{FEADER} 166억 유로(약 23조 원)를 마련했다. 농촌개발프로그램^{LEADER}에는 청년들을 위한 농가 마련, 기후 변화 대응을 위한 친환경 농업 및 유기농 농업 장려, 생물 다양성 보존, 농식품 및 임업 분야 투자 등 다양한 항목이 포함된다. 이런 시도는 지역에 기반한 민관 협업 그룹^{GAL}을 결성해 더욱 전략적으로 프로그램을 수행한다는 점이 특징이다.

프랑스 정부는 역사적인 유산과 자연환경 보존 및 개발을 위해 민관 협업 그룹^{GAL Nord-Ouest Vendée}을 결성해 4년간 유럽농촌개발기금 5만 8,000유로(약 7,700만 원), 지역 자체 기금 8,000유로(약 1,000만 원), 민간 후원금 1만 4,000유로(약 1,800만 원), 총 8만 유로(약 1억 700만 원)를 지원했다.

민관 협업으로 묶인 그룹은 프랑스 내 339개이며, 이 중 246개가 관광, 문화, 문화유산 등의 관광 부문 개발에 속해 있다. 특히 프랑스는 2014~2020년 사이에 지역 개발과 분권을 위해 유럽농촌개발기금, 기타 후원 기금 등을 활용해 대표 관광지에 비해 덜 알려진 지역 관광 개발, 홍보 및 문화유산 복구 자금 등을 지원해 왔다. 이 계획은 2027년까지 지속될 예정이다.

옛 어촌 마을 방데 지역은 11~13세기 수도승들이 운영한 염전이 알려지기 시작해 중세에서 18세기까지는 프랑스에서 가장 많은 소금을 생산했던 역사가 담겨 있다. 지금까지도 독특한 양식의 전통 가옥^{La bourrine}과 복식, 전통 춤, 구전으로 이어온 전통 노래^{La veuze}가 남아 있다. 만과 습지, 섬 지역으로 이루어진 이곳에서는 주로 굴 양식장을 운영하고 있다.

브르타뉴 지역 민관 협업 그룹은 방데^{Vendée}에 위치한 르 마로 습지를 둘러싼 지속 가능한 관광 개발을 위해 작은 나룻배, 마차를 활용한 친환경적인 관광 이동 수단 개발, 지역민이 참여하는 아뜰리에 운영, 홍보 등 지역 문화유산 가치 보존을 위해 노력했다.

프랑스의 전통 가옥과 복식

글로벌 숙박 플랫폼 에어비앤비와 프랑스 농촌도시협회 협력

문화유적이 풍부한 국가로 손꼽히는 프랑스는 지역 문화유산을 보존하고 재발견하는 것을 중요하게 생각한다. 코로나19 팬데믹 이후로 프랑스 관광객들은 사람이 북적이는 곳보다는 한적한 시골이나 지역 문화유산 관광을 선호하는 경향이 높아졌고, 이는 보다 덜 알려진 관광지로 관광객이 분산되는 효과를 가져왔다. 이런 변화로 인해 프랑스 농촌도시협회^{AMRF, Association des maires ruraux de France}는 글로벌 숙박 플랫폼 에어비앤비^{Airbnb}와의 협력을 통해 지역역사 유적지 복원과 홍보를 시작했다.

2010년도에 처음으로 프랑스 문화유적지 숙박이 에어비앤비 플랫폼에 등록된 이후, 2014년 쉬농소 성^{Château de Chenonceau}, 2015년 프랑스 북부 브르타뉴 지역 생말로^{Saint Malo} 섬의 17세기 유적지 프티베 요새^{Le Fort du Petit Bé}, 2019년 파

니에브르의 뫼스 고성

©Association Sauvegarde du Château de Meauce

니에브르의 뫼스 고성

리 루브르^{Louvre} 등 특별한 곳에서의 하룻밤을 선사하는 숙박 행사가 대성공을 거두었다. 에어비앤비는 문화유산재단^{La Fondation du patrimoine}의 '문화유적과 지역 관광^{Patrimoine et Tourisme local}' 프로그램을 통해 560만 유로(약 76억 원)를 후원했다. 2022년 5월 초에는 플랫폼 안에 '문화유산^{Patrimoine}'이라는 새로운 카테고리를 개설해 프랑스 지역 문화 유적지 숙박 유치를 위한 노력을 이어가고 있는 중이다.

에어비앤비에 따르면 팬데믹 이후 농촌 숙박은 4억 5,000유로(약 6,000억 원) 수익을 기록하며 문화유산 복구와 동시에 지역 경제 활성화에 기여하고 있다. 2022년 현재 약 4,000개의 문화유산이 숙박 장소로서 프랑스 에어비앤비 플랫폼에 등록되었다. 숙박 유치는 각 지역의 관광 활성화뿐만 아니라 지역 문화유산의 가치를 재발견하는 데 기여하고 있다.

에어비앤비에 등록된 문화유적 숙박 중 가장 인기 있는 곳은 프랑스 중부에 위치한 니에브르^{Nièvre}다. 특히 니에브르 지역에 위치한 뫼스 고성^{Le château de}

^{Meauce}은 가장 인기 있는 숙박 장소로 손꼽히는데 11세기에 지은 것으로 추정되고 있다. 2016년 세드릭 미뇽^{Cédric Mignon} 부부는 1830년부터 버려져 있던 뫼스 성을 인수했으나 연간 6만 유로(약 8,100만 원) 상당의 보수 비용에 대한 경제적 부담을 덜기 위해 에어비앤비에 숙박을 등록해 운영하기 시작했다. 고성 숙박은 1박에 800유로(약 108만 원)로 높은 가격임에도 2022년 8월 말까지 예약이 모두 완료되었다(2022년 6월 기준).

뫼스 성 숙박은 관광객들에게 18세기의 프랑스 천장과 창문 등 옛 건축 양식과 현대적으로 장식된 내부 인테리어를 제공해 과거와 현재의 시간을 동시에 즐길 수 있도록 했다. 특히 옛 고성에서의 숙박은 박물관에서 문화유적을 관람하는 것과 다르게 그 시대를 살아보는 듯한 경험을 할 수 있다는 점이 장점이다. 특히 고성을 둘러싼 산과 강을 비롯해 풍부한 자연환경을 누릴 수 있다는 점이 더 특별하다.

뫼스 성 보수 공사

©Association Sauvegarde du Château de Meauce

프랑스 농촌도시협회는 이외에도 농촌 지역 온라인 관광 교육 프로그램 '농촌 부트캠프Rural Bootcamp'를 통해 농촌 지역의 숙박 유치를 돕는 데 앞장서고 있다. 교육 프로그램을 통해 문화유산 보수 및 복구에 어려움을 겪고 있는 소유주에게 관광 숙박 운영 방법과 홍보에 대한 교육을 진행한다.

한편 문화유산재단Fondation du Patrimoine은 관광객에게 잘 알려지지 않은 지역 활성화 및 보존을 위한 노력을 이어 나가고 있다. 자체적으로 브르타뉴 지역 펜제Penze 공장, 누벨아키텐Nouvelle Aquitaine 지역 옛 피난처 레굴루스Regulus, 코르시카 퀴엔자Quenza 성 등 지역 내 상징적인 문화유산 보수 및 복구를 위해 기부금 모금 프로젝트를 추진했다. 지방 자치 단체와 에어비앤비 플랫폼을 활용한 시골 여행 프로그램은 프랑스의 알려지지 않은 곳을 재발견하는 새로운 기회를 창출했다.

| Tip | 프랑스 농촌도시협회의 미래를 위한 캠페인 |

에어비앤비와 농촌도시협회AMRF는 시골 지방 자치 단체의 관광 개발을 위한 새로운 기금인 '미래를 위한 캠페인' 광고를 시작했다. 에어비앤비의 시골 지역 사회에서 새로운 광고가 생성될 때마다 '미래를 위한 캠페인' 기금에 100유로(약 13만 원)가 기부된다.

농촌도시협회가 주도하는 이 기금은 농촌 지방 자치 단체의 관광 개발을 위한 프로젝트와 교육 프로그램에 자금을 지원한다.

청년 아이디어 지원 정책으로
농촌에 새바람을 일으키다

대만
타이베이 지사

지역 경제를 활성화하는
대만 청년들의 농촌 재건 프로젝트

대학 농촌 실천 공동창작 프로젝트

대만의 아티스트 황포치Huang Po-Chih는 봉제공장 여공이었던 어머니의 꿈을 이루어 주기 위해 2013년부터 대만 시골의 빈 땅에 레몬나무를 심기 시작했다. 어머니는 평생 봉제 일을 해왔지만 정작 꿈은 레몬농장을 가꾸는 농부였다.

황포치는 크라우드 펀딩으로 기금을 모은 후 레몬나무 묘목 500그루를 샀다. 시골의 버려진 땅에 나무를 심기 시작해 5년 만에 레몬을 수확했다. 그는 펀딩에 참여해 준 이들에게 레몬주스를 만들어 주었다. 이 프로젝트는 홍콩의 에이엠스페이스a.m. space에서 황포치의 〈A Proposal for Museums: Factory〉 개인전에 소개되었고, 그 후 한국을 포함해 여러 나라에서 전시되었다.

©따예대학 잠신남 지도교수의 〈菓舖飄香, 營造虎山新創基地〉 프로젝트팀

한국에서는 2018 아시아 기획전 〈당신은 몰랐던 이야기〉(국립현대미술관)에 참여해 전시 연계 프로그램 〈황포치: 500그루의 레몬나무, 레몬 와인 바〉에서 직접 레몬 와인을 만들어 제공했다. 황포치의 '레몬와인 바'와 레몬 심은 이야기는 《500그루의 레몬나무_황포치》라는 책으로 출간되었다. 이 책에는 작가와 어머니 주변인들의 이야기와 레몬나무를 키우며 태풍을 맞거나 뱀을 만난 에피소드, 수확 후 레몬주를 담아 병에 담는 소소한 일상이 담겨 있다.

레몬와인 바는 전시가 끝난 후에도 여전히 관람객들에게 회자되고 있다. 예술은 우리의 일상을, 사회적인 고민을 해결하기 위해 어떻게 움직이는 걸까. 특히 점점 도시화되면서 시골의 농지는 비어 가고, 점점 초고령 사회로 진입하는 현대 사회에 던지는 질문에 황포치 작가의 '레몬나무 프로젝트'는 꽤 근사한 답변이 될 것이다.

북부 지역 대도시 인구 과밀화와 지역 소멸 위협

인구 감소, 지역 소멸, 초고령 사회 현상은 세계 각지에서 동일하게 발생하고 있다. 이런 변화는 경제를 위협하는 3대 리스크라고 말할 만큼 큰 영향을 미친다. 현재 전 세계 인구는 점점 더 빠르게 도시로 집중되고 있다. 유엔은 2050년에는 전 세계 인구의 68%가 도시 지역에 거주할 것으로 예측하고 있다. 도시와 농촌의 불균형뿐만 아니라 도시 자원의 부족, 환경 오염, 빈부 격차 증가, 지방 문화 보존 등의 문제 또한 뒤따를 것이라고 예측했다.

이 문제는 대만도 비켜갈 수 없다. 대만 행정원주계총처政院主計總處의 2020년 인구조사 결과에 따르면 성장 추세가 다소 둔화되는 경향이 있지만 대만의 인구는 지속적으로 북부 지역에 집중되고 있다.

지역별 상주 인구 분포를 보면 타이베이를 비롯해 북부 지역이 1,134만 명으로 47.6%를 차지한다. 타이베이, 신베이, 타오위안, 타이중, 타이난, 가오슝 등 6개 직할시 상주 인구의 합계는 1,705만 명으로, 대만 전체 상주 인구의 70%를 넘는다. 지정학적으로 보면 한국의 경기도와 유사한 신베이新北市는 436만 4,000명으로 전체 1위, 18.3%를 차지한다. 대만 국가발전위원회가 제출한 보고서에 따르면 전문가들은 지역 인구 분포의 불균형 문제는 더욱 심각해질 것이라고 예측하고 있다.

도시는 농촌의 인구와 생명력을 끊임없이 흡입할 것이다. 이 현상이 지속되면 지방의 취업 기회는 점점 줄어들고, 청년들은 고향을 떠나 일할 수밖에 없다. 농촌 인구의 노령화 촉진, 농어촌 노동력 부족, 교육과 의료 자원 불균형 등의 사회 문제가 뒤따를 것이다.

대만 정부는 행정원이 주재하고 국가발전위원회가 총괄하며, 부처간 회의의 조정을 통해 지역 소멸 문제를 해결하기 위해 노력 중이다. 대표적인 사례로는 농업위원회의 '대학 농촌 실천 공동창작 프로젝트大專院校農村實踐共創計畫'와 문화부의 '청년 마을 문화 행동 프로젝트青年部落文化行動計畫'를 들 수 있다. 두 프로젝트는 청년 노동력을 농촌 마을로 환류시켜 새로운 생명력과 창의력을 농촌으로 인도하고 지방 창업, 지역 상품의 대외 마케팅 관광객 유인 등을 통해 지방 경제를 활성화시키는 것을 주요 목적으로 한다.

농업위원회 '대학 농촌 실천 공동창작 프로젝트'

2011년부터 농업위원회 주관으로 추진하고 있는 '대학 농촌 실천 공동창작 프로젝트'는 6~10명 내외의 대만 내 전문대학교 이상 학생과 지도 교수가 한 조를 구성해 진행하는 조별 프로젝트 경진대회이다. 행정원 산하 농업위원회는 전문대학의 전문성을 활용해 농업, 농촌 등 관련 문제를 해결하도록 장려하기 위해 이 프로젝트를 시작했다.

'대학 농촌 실천 공동창작 프로젝트'는 1단계에서 마을 주재 계획서와 '캐치 유어 아이스Catch your eyes'라는 자기소개 영상을 제출해야 한다. 마을 주재지는 농촌 공동체에 있어야 하며, 지역 사회의 조직 및 단체, 청년회, 농민 단체 등과 협력할 수 있어야 하고, 농촌 공동체의 요구에 부합하고 공익성이 있어야 한다는 조건이 붙는다.

각 팀은 계획서 안에 현장 조사, 농촌 산업, 생태 보호, 환경 개선, 문화 보존과 유지, 예술 창작, 사회 개선, 프로세스 개선, 혁신 실험, 농촌 경관의 녹색 미화, 상품 디자인, 창의 마케팅, 유휴 공간 활성화 재활용, 정보 연구 개발, 인간적 배려와 관심 및 인력 양성 등을 주 내용으로 잡을 수 있다. 서류 심사를 통해 40팀이 선정되며, 주최 측은 선발된 40팀의 마을 주재 계획서와 캐치 유어 아이스 자기소개서 판권을 귀속시킨다.

2단계에서는 브리핑 공모심사를 통해 최종적으로 20여 개 팀을 선발한다. 2차 심사에서 선발된 학생들은 주최 측이 마련한 청춘 백서 공감 캠프에 참가한 다음 방과 후 또는 여름방학을 이용해 조별로 제출했던 마을 주재 계획을 실행한다. 심사위원들은 프로젝트가 시행되는 각 마을을 방문해 성과를 심사하고 우수 10개 팀 대상으로 한화 기준 총 2,000여 만 원의 상금과 상장을 수여한다.

◎따예대학 정신남 지도교수의〈菓舖飄香, 營造虎山新創基地〉프로젝트팀

대학 농촌 실천
공동창작 프로젝트

따예대학 호텔경영학과 학생들의 후산 창조 기지 조성 프로젝트

타이난臺南 바이허白河 호수는 연꽃 시즌에 많은 관광객이 몰리는 곳이지만 바이허 후산虎山은 지리적으로 외지고 유명한 관광명소가 아니어서 사람들이 일부러 찾는 장소는 아니었다. 후산은 이런 외적인 조건으로 인해 지역 경제를 살릴 기회를 창출하기는 어려운 곳이었다.

따예대학大葉大學 호텔경영학과餐旅管理系 정신난鄭信男 부교수와 학생들은 2017년부터 2019년까지 3년간 후산 마을 주민들을 돕기 위해 마을에 관광객들이 머물러 갈 수 있도록 '과일 점포에서 피어난 향기, 후산에 새로운 창조 기지 조성菓舖飄香, 營造虎山新創基地'이라는 프로젝트를 추진했다.

프로젝트 첫해인 2017년에는 지역 농산물을 이용해 떡 안에 들어갈 다양한 종류의 소를 만들었고, 2018년에는 과일 식초, 스파클링 음료, 말린 과일 등 다양한 상품을 개발했다. 상품을 개발한 후에는 판매할 수 있는 상점도 필요했다. 2019년에 후산 마을에서 생산한 제품들을 직접 판매할 수 있는 이색 점포 '주류리옥酒流里屋'을 개점했다. 프로젝트팀은 마을 공터와 휴업한 식당에서 버리려고 내놓은 소달구지와 술독을 구입해 점포와 주변을 꾸몄다.

주류리옥의 아름다운 조경은 현재 많은 관광객들이 사진을 찍는 핫스팟으로 떠올랐다. 하지만 당시에는 술항아리를 어떤 방법으로 뚫어야 할지, 물의 순환을 어떤 방식으로 조절해야 할지 몰랐다. 프로젝트 팀은 지역민이자 수도와 전기, 목공 분야에 정통한 기술자들과 함께 머리를 맞대어 이 문제를 풀어냈다. 원래 점포의 이름을 관광객들이 후산에 오래 머물기를 바라는 뜻에서 구류리옥久留里屋으로 지으려 했으나, 술독이 줄지어 있고 술독의 입구에서 물이 졸졸 흘러나오기 때문에 '술이 흐르는 안방'이라는 뜻의 주류리옥으로 정했다.

문화부의 '청년 마을 문화 행동 프로젝트'

2012년부터 문화부가 주관해 추진하고 있는 '청년 마을 문화 행동 프로젝트青年部落文化行動計畫'는 만 20세~45세 대만인과 외국인(중국 본토, 홍콩, 마카오인 제외)을 대상으로 하는 프로젝트다.

'청년 마을 문화 행동 프로젝트'는 쇠락하고 있는 지역 사회의 경제, 문화, 사회, 환경 문제를 개선하기 위해 아이디어를 발굴하고 혁신을 일궈 내는 변화의 동력으로 청년들을 활용하는 데 목적이 있다. 청년들이 주축이 되어 지역 사회 문제 발굴 및 개선 대책에 나서고, 다른 지역 사회와의 결합을 통해 생활 환경을 개선하거나, 란위섬 지속가능관광발전계획 실천(지역 문화 체험 관광, 생태 관광 등)과 같은 지역 특색 소프트 파워를 활용해 지역 경제의 지속 가능한 발전에 기여할 수 있도록 재정적·행정적으로 지원하고 있다.

청년 마을 문화 행동 프로젝트 – 대만 미얀마 거리

매년 9~10월 사업 계획을 접수해 12월에 다음해 사업 대상을 선정하며, 최종 선정된 지원자에게는 결과 발표일로부터 1년간 제안 사업 추진에 필요한 경비를 최고 NT 100만 달러(약 4,500만 원)까지 분기별로 분할 지원한다. 2022년에는 신청자 179명 중 39명을 선발해 총 NT 3,900만 달러(약 17억 6,000만 원)를 지원했다.

따예대학 호텔경영학과 학생들의 후산 마을의 사례와 황포치 작가의 레몬나무 프로젝트는 누군가의 꿈을 이루어 준다는 데 공통점이 있을 것이다. 이렇듯 다 함께 힘을 모은다면 지역 소멸 문제는 예상치 못한 열매를 맺을 것이다. 마치 레몬처럼.

Tip **대학생 여름방학 귀농 경진대회**

2011년부터 행정원 농업위원회 주관으로 대만 소재 대학 재학생(조당 6~10명, 지도교수 1명)을 대상으로 여름방학 농촌 생활 계획 작성 및 실천 결과 경진 대회大專生 洄游農村競賽를 실시한다. 학생들의 참신한 아이디어를 활용한 농촌생활 홍보, 농촌 봉사 활동(농활, 어린이 돌봄 사업 등), 지역 활성화 아이디어 발굴(신규 관광 코스 개발 등) 등을 목적으로 한다.

조별 상패, 개인별 상장, 상금 총 NT 43만 달러(약 1,849만 원), 지도교수 및 해당 마을 각 NT 1만 달러(약 43만 원)의 상금이 주어진다.

Part 5.

Innovation

뉴델리
모스크바
선양
우한
이스탄불

성공적인 관광 개발을 위해서는 지자체와 기업,
개인의 노력도 중요하지만 무엇보다도 정부의
전폭적인 지지를 빼놓을 수 없을 것이다.
체계적이고 적극적인 관광 정책은 지역이 맞닥뜨린
'소멸 위기'를 '혁신'으로 바꾸곤 한다.

스와데시 다르샨 계획에 따라 15개 테마 맞춤형
관광 상품을 개발하는 뉴델리,
천년고도 '수즈달'을 비롯한 8개의 도시를 연결하는
러시아의 '황금고리 프로젝트',
국가 정원 도시로 개발된 메이허커우의
동북야간특색상업거리,
'관광'과 '빈민구제'를 위해 농업에서
관광으로의 혁신적 전환을 촉진한 장자제,
아나톨리아의 아름다움을 탐험하는
튀르키예 동부 관광 열차가
성공적인 관광 개발 정책의 좋은 예다.

"See your Country"
맞춤형 테마 연계 개발로 지역 경제 부흥!

인도
뉴델리 지사

중앙정부의 스와데시 다르샨 계획으로
변화하는 인도의 관광 산업

요가와 갠지스 강, 4대 종교의 발생지, 문명의 발상지이자 풍부한 역사 문화유산의 나라, 화려한 건축물과 글로벌 기업이 집결하는 세계적인 IT 강국. '인도' 하면 쉽게 떠오르는 이미지다. 인도는 독특한 문화와 오랜 역사, 넓은 국토와 사막, 산악 지대를 비롯해 인도양 등 광활한 자연과 풍부한 문화유산을 가지고 있어 관광 산업 발달에도 좋은 조건을 갖추고 있다. 세계 각국에서 여행자들이 찾아오는 '워너비' 여행지이며, 종교의 성지로 순례자들이 줄을 잇는 나라이다. 하지만 불편한 화장실 등 관광지로서의 기반 시설은 열악한 곳들이 많아 관광객들이 여행을 망설이게 하는 부분도 있다.

그러나 최근 인도의 관광 산업은 국내 여행 부문을 중심으로 현저하게 달라지고 있다. 무엇보다 수많은 관광 자원과 연계해 이를 기반으로 관광객의 접근성을 높일 수 있도록 테마별로 기반 시설을 확충하는 사업을 정부 주도하에 진행했다. 인도 정부와 기업은 적극적으로 관광 자원을 개발하고 활성화하기 위한 사업을 추진 중이며 이런 노력의 결과 인도의 관광 산업은 국내 여행 부문을 중심으로 급격한 성장세를 기록했다.

고아의 아람볼 해변

지역 경제 부흥을 위한 관광 분야 정책, 스와데시 다르샨

　인도의 풍부한 문화, 역사, 종교 및 자연 유산은 관광 개발 및 일자리 창출에 큰 잠재력을 제공한다. 이에 인도 정부는 관광 잠재력을 촉진해 경제 성장의 원동력을 이끌어 내겠다는 의지를 적극적으로 정책에 반영했다. 바로 '스와데시 다르샨 계획Swadesh Darshan Scheme:SDS'이다.

　스와데시 다르샨 계획은 지역 경제 부흥을 위한 관광 분야 정책으로 인도 정부 관광 문화부가 2014~15년에 시작한 계획이다. 1차 계획은 2015년부터 시행되어 2021년에 마무리되었으며, 2022년부터는 '스와데시 다르샨 2.0'을 착수한다고 발표했다.

스와데시 다르샨 계획은 클린 인디아Swachh Bharat Abhiyan(Clean India)[1], 스킬 인디아Skill India[2], 메이크 인 인디아Make in India[3] 정책과 함께 관광 부문을 일자리 창출, 경제 성장의 원동력, 시너지 구축의 주요 엔진으로 삼아 시너지 효과 창출을 모색했다. 이 정책은 2015년에 5개 투어리스트 서킷Tourist Circuit[4]을 시작으로 2017년까지 10개를 추가해 총 15개의 투어리스트 서킷을 개발했다. 높은 관광 가치, 경쟁력과 지속 가능성의 원칙에 따라 특정 테마에 관심을 가진 관광객에게 매력적인 경험을 제공할 것을 전제로 했다.

서킷 개발을 위한 모든 투자는 인도 중앙 정부에 의해서 이루어지며, 관광부는 서킷의 기반 시설 개발을 위해 주 정부, 연합 영토 행정부에 중앙 재정 지원CFA을 제공한다.

투어리스트 서킷 15개 테마 개발

투어리스트 서킷은 스와데시 다르샨 계획에 따라 아름다운 풍경, 풍부한 유산과 문화적 다양성 등 고유의 자연 문화적 자원을 기반으로 15개의 테마로 개발되었다. 최소 3개의 주요 관광 목적지를 포함하는 여행 경로로써 한 개의 서킷은 하나의 주제를 가지고 있다. 여행자들을 매혹시키기 위해 인도 정부가 개발한 15개 테마별 서킷은 다음과 같다.

① 불교 서킷Buddha Circuit은 부처가 태어난 룸비니부터 열반을 얻은 보드가야 등 불교 여행자들에게 의미가 깊은 순례 장소들을 포함해 구성했다.

---

1. 클린 인디아Swachh Bharat Abhiyan(SBM)는 2015년 10월 2일 시작된 보편적 위생을 실천하기 위한 미션이다. 이에 따라 2019년까지 인도의 시골 마을에 1억 개 이상의 화장실을 건설해 '노상 배변 금지ODF'를 선언했다.
2. 스킬 인디아Skill India는 2015년 7월 15일 나렌드라 모디Narendra Modi 총리가 2022년까지 인도에서 3,000만 명이 넘는 사람들을 다양한 기술로 훈련시키기 위해 시작한 캠페인이다.
3. 메이크 인 인디아Make in India는 기업이 인도에서 만든 제품을 개발, 제조 및 조립하고 제조에 대한 헌신적인 투자를 장려하기 위한 인도 정부의 이니셔티브다. 일자리 창출 및 기술 향상을 위해 25개 경제 부문을 대상으로 했으며 '인도를 글로벌 설계 및 제조 수출 허브로 전환'하는 것을 목표로 했다. 결과적으로 인도는 2015년에 601억 달러(약 75조 9,063억 원)의 FDI를 유치해 미국과 중국을 제치고 외국인 직접 투자FDI를 위한 세계 최고의 투자처로 부상했다.
4. '서킷'은 '회로, 노선, 순환로, 순회, 순례' 등 다양한 의미로 번역될 수 있는데, 여기서는 길, 노선, 로드, 루트 등으로 해석된다.

② 해안 서킷^{Coastal Circuit}은 인도의 긴 해안선(7,517km)을 따라 태양, 바다, 파도의 땅으로서 인도의 위치 강화를 목표로 한다.

③ 사막 서킷^{Desert Circuit}은 타르^{Thar} 사막의 모래 언덕, 높은 기온, 쿠치^{Kutch}의 건조한 평원, 라다흐^{Ladakh}와 히마^{Himachal}의 건조하고 추운 계곡 등으로 구성되었다.

④ 생태 서킷^{Eco Circuit}은 인도의 생태 현장을 기반으로 친환경적인 생태 관광 상품을 다양하게 만드는 것을 목표로 한다.

⑤ 유산 서킷^{Heritage Circuit}은 36개의 유네스코 세계 유산 유적지를 다 포함해 전 세계 여행자의 관광 욕구 충족을 목표로 한다.

⑥ 북동부 서킷^{North East Circuit}은 인도 동북부 아삼^{Assam}주, 마니푸르^{Manipur}주 등 저개발 주들의 관광 중심 개발이 포함된다.

⑦ 히말라야 서킷^{Himalayan Circuit}은 인도 북부의 히말라야 인접 지역으로 구성되었다.

⑧ 수피 서킷^{Sufi Circuit}은 이슬람의 한 분파인 수피^{Sufi}의 음악, 예술 등 전통을 기념하고 특화하는 것을 목표로 한다.

⑨ 크리슈나 서킷^{Krishna Circuit}은 힌두교 신 중의 하나인 크리슈나^{Krishna}의 신화를 바탕으로 관련 지역 개발을 목표로 한다.

⑩ 라마야나 서킷^{Ramayana Circuit}은 힌두교 신 중의 하나인 라마^{Rama}의 신화를 바탕으로 관련 지역을 개발해 관광 경험을 촉진하고 향상시키는 것을 목표로 한다.

⑪ 농촌 서킷^{Rural Circuit}은 도시 외곽, 농촌 지역 개발을 통해 '진정한 인도 True India'를 보여주고 지역 경제 활성화를 목적으로 한다.

⑫ 영적 서킷^{Spiritual Circuit}은 4개 주요 종교(힌두교, 불교, 자이나교, 시크교)의 기원인 인도의 종교 관련 장소 등 영적 자원을 활용해 전 세계 3억 3,000만 명의 성지 순례자들을 위한 순례 코스를 개발하고자 한다.

⑬ 티르탕카라스 서킷^{Tirthankar Circuit}은 평화, 사랑, 깨달음의 메시지를 전파해 온 티르탕카라스의 삶과 업적을 기념하며 자이나교 사원의 건축 양식, 요리, 공예 등 그들만의 독특한 문화를 중심으로 개발한다.

⑭ 야생동물 서킷Wildlife Circuit은 다양한 야생 동물이 있는 인도의 강점을 활용해 야생 동물 보호 구역의 '지속 가능한', '생태적', '자연 중심적' 개발을 목표로 한다.

⑮ 부족 서킷Tribal Circuit은 지금까지 이어져 온 인도 부족민들의 오래된 의식, 전통, 문화를 유지 보존하고 동시에 관광객들이 이들의 다채로운 부족 관습, 문화, 축제, 예술, 의식 등을 가까이에서 관찰할 수 있도록 하는 것을 목표로 한다.

고아 해안

스와데시 다르샨 계획에 따른 투어리즘 서킷 개발 수행 사례

해안 서킷: 고아 모르짐 킨드 공원 공공시설 건설

프로젝트	투자 금액	시행 시기	프로젝트 기간
고아 해안 서킷 I	9억 9,990만 루피 (약 170억 원)	2016. 6. 1	36개월

2019년 9월 스와데시 다르샨 계획에 따라 고아Goa의 모르짐 해변에서는 최첨단 레크리에이션 시설 '모르짐 킨드Morjim Kind'를 개장했다. 모르짐 킨드에는 어린이 놀이터, 요가 센터, 푸드 코트, 분수, 보트 시설, 화장실, 탈의실 등이 있다. 관광객들에게 더 나은 시설을 제공하기 위해 진행된 이 프로젝트는 고아 관광 개발 공사에 의해 공원의 주차장, 관광 정보 센터, 음수대 등 관광 기반 시설을 개발해 쾌적한 환경을 제공하고 있다.

북동부 서킷 1: 마니푸르 관광 기반 개발

프로젝트	투자 금액	시행 시기	프로젝트 기간
마니푸르 투어리스트 서킷: 임팔–홍점	7억 2,300만 루피 (약 120억 원)	2015. 6. 29	36개월

2018년에 인도 북동부에 위치한 마니푸르Manipur의 투어리스트 서킷 주제는 임팔–홍점Imphal - Khongjom의 연계 개발이다. 프로젝트는 캉라 요새Kangla Fort와 홍점Khongjom 두 곳을 포함한다.

캉라 요새는 임팔의 중심부에 위치한 마니푸르에서 가장 중요한 역사적, 고고학적 유적지 중 하나다. 특히 캉라는 고빈다지Govindajee 사원 같은 영적 영향을 미치는 풍부한 예술과 건축 유산들이 위치해 마니푸르 사람들의 마음속에 특별한 영향을 주고 있다. 프로젝트에 따라 오래된 고빈다지 사원의 외부, 내부 해자의 복원과 개선, 신성한 연못의 재생과 같은 작업을 수행했다.

또한 홍점은 1891년 영국·마니푸르 전쟁의 마지막 저항 전쟁이 일어난 곳이다. 이곳에서는 보행자 다리와 콤비레이Kombirei 호수의 복구 작업을 수행했다.

©Bimal thongam

고빈다지 사원

북동부 서킷 2: 메갈라야 호수 관광 시설 개발

프로젝트	투자 금액	시행 시기	프로젝트 기간
마갈라야 북동부 서킷	9억 9,130만 루피 (약 165억 원)	2016. 7. 1	30개월

　　히말라야 북동부에 자리잡은 메갈라야Meghalaya는 인도에서 가장 아름다운 곳 중 하나이며 무성한 녹색 초원, 아름다운 사원과 수도원이 곳곳에 있다. 스와데시 다르샨 계획에 따라 시행된 프로젝트에 의해 메갈라야 지역에서는 힐링 센터, 관광 정보 센터, 다목적 홀, 우미움Umium 호수 통나무 오두막, 카페테리아, 음향과 조명 쇼, 기념품 가게, 수상 스포츠 존, 짚라인, 캐노피 워크, 트레킹 루트, 사이클 트랙, 카라반 주차장, 공중 화장실 등의 시설을 개발했다.

북동부 서킷 3: 시킴주 관광 인프라 개발

프로젝트	투자 금액	시행 시기	프로젝트 기간
시킴 북동부 투어리스트 서킷	9억 8,050만 루피 (약 164억 원)	2015. 6. 30	24개월

　　인도에서 가장 작은 주 중 하나인 시킴Sikkim 주의 투민 린기Tumin Lingee 지역은 스와데시 다르샨 프로젝트에 의해 관광 정보 센터, 명상 센터, 오가닉Organic에코 관광 센터, 통나무 오두막, 짚라인, 꽃 전시 센터, 산책로, 기념품 가게, 카페테리아, 그늘막, 주차장, 공중 화장실과 같은 관광 인프라 시설을 개발하고 개선했다. 프로젝트 완료로 시킴 주의 수도 강톡은 청결과 관광 인프라 수준이 세계 어느 도시와 견주어도 손색 없을 정도로 매우 깨끗하다는 평가를 받고 있다.

시킴 주

부족 서킷: 차티스가르 부족 서킷

프로젝트	투자 금액	시행 시기	프로젝트 기간
차티스가르 부족 서킷	99.21천만 루피 (약 166억 원)	2016. 2. 18	48개월

2020년 9월 13일, 첫 번째 부족 순회 프로젝트로 차티스가르Chhattisgarh의 13개 관광 명소를 연결하는 목표를 수행했다. 수 세기 동안 그들만의 문화와 전통을 유지해 온 차티스가르의 다양한 부족, 토착 문화, 그리고 해당 주의 풍부하고 다양한 자연 자산을 보여주기 위한 목적으로 부족 순회 테마 아래 포함되었다.

이를 바탕으로 치트라쿠트Chitrakote 폭포 주변의 생태 통나무 오두막집, 공예 모자, 기념품 가게, 야외 원형 극장, 부족 통역 센터와 워크샵 센터, 관광 편의시설 센터, 전망대, 자연 산책로, 태양광 조명 등 수많은 기능이 중요하게 수행되었다. 이러한 새로운 시설들은 기존 관광 시설의 인프라를 전반적으로 향상시켜 더 많은 방문객을 유치하고 지역의 일자리를 늘리는 데 도움이 되었다. 관광부는 부족과 부족 문화 발전에 중점을 두고 있으며, 새로운 개발 프로젝트 수행은 차티스가르 부족 벨트의 관광뿐만 아니라 인도 관광을 전반적으로 향상시킬 것으로 기대되고 있다.

투어리스트 서킷 개발의 성과 및 과제

인도 정부는 당초 76개의 프로젝트로 구성된 15개의 투어리스트 서킷 개발을 발표했다. 2021년 말 기준 35개 프로젝트로 구성된 13개 투어리스트 서킷이 완료되었다. 그 결과 스와데시 다르샨 계획이 수행된 주의 국내외 관광객은 2014년 약 13억 명에서 2019년 21억 명으로 증가해 5년간 60% 가까이 증가했다. 또한 지역 일자리 창출, 지역 주민들의 관광 서비스 역량 강화, 지역 문화와 자연자원 보전을 목적으로 한 정책과 그에 따른 사업을 진행한 결과, 관광 부분 종사자는 2014년 6,975만 명에서 2019년 8,750만 명으로 증가해 5년간 25%

가까이 증가했다.[5]

2022년 7월, 인도 관광부는 지속 가능한 인프라를 목표로 스와데시 다르샨 2.0으로 개편했다. 이 계획은 국내 관광객을 겨냥한 것이며, 지역 사회의 일자리 창출, 관광 및 접객업 분야에서 지역 청년의 기술 향상, 관광과 접객에 대한 민간 부문 투자 확대와 지역 문화, 천연자원 보존 강화를 목표로 하고 있다. 인도 관광 산업은 내국인 관광객의 지출이 외국인 관광객 지출보다 규모 면에서 4배 이상 큰 것을 볼 수 있다. 2028년에는 내국인 여행자의 점유율이 88.85%로 더욱 증가할 것으로 예상된다. 이에 따라 인도 정부의 관광 산업 정책도 국내 여행객들을 위한 부분에 초점이 맞춰져 있다. 국내 관광의 순환이 관광 산업과 지역 활성화에 절대적으로 필요한 전제임을 인지한 까닭이다.

---

5. 중앙 정부에서 스와데시 다르샨 1.0 정책 이후 효과 분석을 한 자료는 발표하지 않았다. 따라서 정책이 수행된 주의 관광객 증가 자료 및 '인도 관광위성계정Tourism Satellite Account of India, TSA'에서 발표한 자료를 바탕으로 그 성과를 측정해 보았다. 단, 2020~2022년은 코로나19 팬데믹으로 인해 유의미한 자료로 보기 어렵기 때문에 2014년과 2019년 자료를 비교했다.

Tip 불교 순회 열차

인도 관광부는 철도부와 함께 2021년 스와데시 다르샨 계획에 따라 불교 서킷 개발을 위한 불교 순회 열차Buddhist Circuit Tourist Train의 운행을 시작했다. 7박 8일간 인도 북부와 중부 지방을 중심으로 집중된 불교 유적지를 여행하는 특별 관광 열차다. 마하파리니르반 익스프레스Mahaparinirvan Express를 이용하며, 호화로운 기차 여행을 제공한다.

불교 관광 순환로는 델리에서 출발해 중요한 불교 순례지 중 하나인 보드가야를 거쳐 석가모니가 깨달음을 얻은 비하르의 고대 도시 성지 라지르와 고대 마가다 왕국에 있는 큰 불교 수도원이었던 나란다. 처음으로 법을 가르치고 깨달음을 통해 불교 승가가 존재하게 된 4대 순례지 사르나트와 네팔의 바라나시까지 석가모니의 발자취를 따라가는 성지 순례 길이다.

천년 고도 '수즈달'과
'황금고리' 도시의 재조명

러시아
모스크바 지사

러시아 황금고리 도시,
자연 경관과 성당으로 외국인 관광객 유치

©Dmitry Makeev

수즈달 로제스트벤스키 성당

붉은 광장, 크렘린 성, 겨울 궁전, 러시아 국립박물관, 볼쇼이 극장⋯. 러시아 여행을 생각할 때 먼저 떠올리게 되는 이미지들은 아마도 모스크바와 상트페테르부르크 같은 대표적인 도시들의 모습이 아닐까. 그리고 전통적 분위기가 물씬 나는 러시아의 독특한 건축물도 함께 떠올리게 될 것이다. 특히 다채로운 컬러의 교회와 웅장한 궁전이 세계적 수준의 극장, 박물관과 함께 어우러진 러시아는 시베리아 같은 대자연뿐만 아니라 역사, 건축, 문화, 예술적으로도 뛰어난 유산이 많은 나라다.

하지만 러시아 고유의 아름다움과 고풍스러움을 간직한 도시, 고대와 중세의 러시아 문화가 고스란히 배어 있는 여행지를 방문하고 싶다면 단연 '황금고리Golden Ring' 도시들이 1순위로 꼽힌다. '황금고리'에 속한 도시들은 중세 러시아 문화가 형성되고 발전한 진원지를 따질 때 빼놓을 수 없다. 이 옛 도시들은 러시아인의 영혼이라 할 수 있는 정교의 중요한 터전 중 하나이자, 역사적으로 러시아 문화와 예술의 발전에 많은 기여를 했던 곳이다. 황금고리 도시들은 고대 러시아의 전통과 문화를 수백 년 전의 모습 그대로 오늘날까지 유지하고 있으며, 유네스코 세계문화유산으로 등재되어 러시아 관광 산업에 새로운 활력을 불어넣으며 주목받고 있다.

그중에서도 러시아에서 가장 오래된 도시로 알려지는 소도시 '수즈달'이 대표적으로 손꼽힌다. 이념과 체제의 변화 속에서 잊혀져 가던 황금고리 도시들과 수즈달이 재조명받게 된 계기와 그 매력이 궁금하다.

역사 문화와 관광 도시로 재탄생한 황금고리

모스크바에서 북동쪽으로 약 3시간 정도 차를 타고 달리면 12세기 초부터 세워진 작은 도시들을 만날 수 있다. 바로 황금고리라고 부르는 1,000km 이상의 관광 루트다.

1960년대에 저널리스트 유리 브이취코브Yuri Bychkov가 러시아 전통을 보유한 옛 도시를 관광을 통해 발전할 수 있도록 이바지하고자 유명 잡지인《소비에트 문화》에 '황금고리'라는 테마로 연재를 하면서 내국인과 외국인들에게 관심을 받게 되었다. 황금고리는 블라디미르─수즈달Vladimir-Suzdal을 포함해 야로슬라블, 이바노바, 세르기예프 파사드, 코스트로마, 로스토프 벨리끼, 뻬래슬라블 잘레스키 8개의 도시를 연결하면 동그란 고리의 형태가 되는 것에서 '황금고리'라는 명칭을 갖게 되었다.

이들 황금고리의 고대 도시들은 12~18세기 러시아 정교회를 중심으로 하는 중세와 러시아 제국 역사의 주요 사건에 대한 건축물들이 잘 보존되어 있어 '야외 건축 박물관'이라 불리기도 한다. 알록달록한 양파 모양 지붕의 독특한 러시아 전통 성당들과 소박한 시골 마을이 어우러진 그림 같은 경치, 매 시간마다 러시아 정교회에서 울려 퍼지는 종소리가 어우러져 색다른 정취를 제공한다. 이처럼 600년 전의 러시아를 만날 수 있는 독특한 경관과 문화적 가치로 인해 1990년대에 이들 8개 도시들은 유네스코 세계문화유산으로 등재되었다.

러시아의 영혼을 품은 박물관 도시, 수즈달

옛 러시아의 모습을 감상하기 위해서는 '황금고리' 도시들이 최적의 장소이다. 특히 모스크바에서 불과 137마일 떨어진 황금고리의 대표적 도시 수즈달은 2024년에 천년을 맞는 해가 되기에 러시아 전통 모습이 궁금한 여행자들에게는 더욱 매력적인 선택지로 부상하고 있다.

러시아 전의 왕조 키예프 루스가 쇠락의 길로 접어들면서 류릭 왕조의 중심은 북동부로 이동하게 되는데, 로스토프와 수즈달의 짧은 영화를 거쳐, 블라디미르를 중심으로 한 블라디미르–수즈달 공국이 새로운 주역으로 등장하게 된다. 이후 유리 돌고루키 대공이 1147년에 모스크바에 요새를 세우면서 모스크바 공국이 새로운 중심지로 부상하게 되었다. 이러한 역사적 활동은 수즈달의 문화 발전에 영향을 미쳤다. 당시 수즈달은 러시아의 정신적 중심지였으며 이는 지금도 '러시아의 영혼'으로 지칭된다.

그러나 12세기 모스크바의 번성에 따라 융성했던 수즈달은 13세기부터 점차 쇠퇴하게 되었다. 이후 중심에서 밀려나 제2차 산업조차 제대로 갖춰지지 않은 농촌 도시로 오랫동안 머물렀다.

하지만 근대에 이르러 '황금고리'가 주목받으면서 그중에서도 대표적인 관광 도시로 부상했다. 수즈달은 한국의 경주와 같은 천년 고도^{古都}다. 약 60개의 교회와 수도원, 목조 건물들이 옛 모습을 간직한 채 시간이 멈춘 듯한 경관은 도시 전체가 역사 박물관이라고 여겨질 정도다. 이러한 역사적 가치가 인정되어 도시 전체가 유네스코 세계문화유산으로 지정되었다.

특히 고대 슬라브 민족의 생활 방식을 알아보려면 목조 건축 박물관을 방문하는 것이 좋다. 이곳에는 러시아 전역에서 가져온 18세기와 19세기 목조 건물들이 야외에 전시되어 있다. 농민 오두막부터 보야르의 저택, 풍차, 목조 교회에 이르기까지 못이나 금속 등을 사용하지 않고 지어진 건물들을 볼 수 있다.

©Dmitry Makeev

스파소 에프미에프스키 수도원

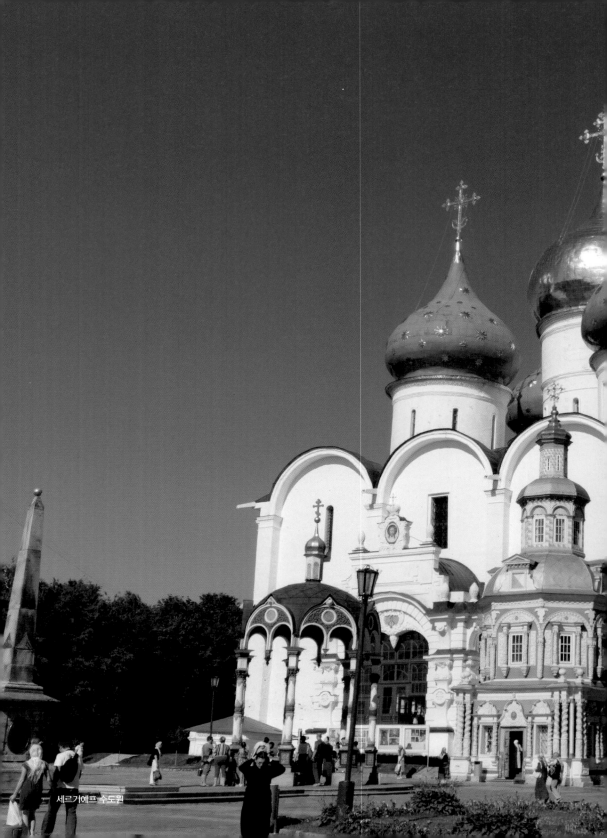

세르기예프 수도원

한편 수즈달은 성당과 수도원의 도시다. 대표적으로는 크렘린 중심부에서 선명한 코발트 빛의 돔이 빛나고 있는 '로제스트벤스키' 대성당이 있다. 1225년에 만들어진 수즈달에서 가장 오래된 건축물로, 내부는 13세기부터 그려진 이콘[1]들로 덮여 있어 화려하지만 숙연한 느낌도 든다. 초록색과 황금색 돔이 빛나는 13세기 '테오토코스 탄생 대성당'도 꼭 들러 봐야 할 곳이다.

1352년에 세워진 성 '스파소 에피미에프스키Spaso-Efimievsky 수도원'은 높이 8m, 길이 1.5km의 웅장한 모습을 갖추고 있다. 그래서 자칫 크레믈[2]로 오인하는 경우도 많다. 수도원에서는 소비에트 시대까지 감옥 시설도 운영했다고 한다. 하지만 무엇보다도 에피미에프스키 수도원을 특별하게 만드는 것은 매시간 수도사가 손과 발을 이용해 울리는 청량한 선율의 타종 소리다. 특히 오후 4시가 되면 최고의 종치기 장인이 손과 발은 물론 온몸으로 16개의 종을 연주하고, 이 아름다운 음악은 8분간 수즈달 도시를 가득 채운다.

이뿐만 아니라 수즈달에는 자동차가 거의 없고 도시의 거리에는 말이 끄는 마차가 다닌다. 중세 그대로의 모습을 보고 싶다면 단연 수즈달을 찾아야 할 것이다.

문화유산 도시에서 개최되는 이색 축제

황금고리 도시들의 이색 축제도 관광객들의 눈길을 사로잡는다. 특히 수즈달에서는 러시아 내 유일한 '국립민속목조박물관' 내에서 열리는 국제 오이 축제, 반야 축제가 유명하다. '오이 축제'는 2001년부터 22년간 이어져 오고 있는 전통적인 축제로 오이를 소재로 개성 있는 작품 만들기, 콘서트, 민속 춤, 전통 게임 등 다채로운 즐길 거리가 준비되어 있다. 매년 7월 둘째 주에 축제가 개최되며 내국인을 비롯해 중국, 이탈리아, 독일 등 약 2만 명의 관광객들이 축제 참가를 위해 수즈달을 방문하고 있다.

---

1. 이콘 : 형상, 모형을 뜻하는 에이콘eikon에서 유래했으며, 그림으로 된 성서를 말한다.
2. 크레믈 : 외적을 방어하는 성벽, 요새를 의미하며, 한국인들에게는 크레믈 궁전이 널리 알려져 있다.

야로슬라블

       사우나를 좋아하는 관광객이라면 수즈달의 '반야' 축제가 제격이다. 수즈달은 에코 리조트인 '온천수'와 협업해 2010년에 러시아 전통 방식의 반야(사우나) 외에도 핀란드식, 일본식, 멕시코식의 전통 사우나를 만들어 모스크바와 상트페테르부르크 등 내국인 마니아들의 방문이 많았다. 2017년도에는 라트비아, 우크라이나 등에서도 참가하는 국제적인 축제가 되었다. 2022년도에는 3일간 진행되는 축제에 1만 명의 관광객이 방문해 약 60개의 다양한 사우나를 체험할 수 있었다.

       이외에도 동화 축제, 수즈달 전통주를 활용한 꿀 발효주 축제 등 다양한 축제들이 잊혀졌던 소도시에 에너지와 경제 활성화를 불어 넣는 큰 힘이 되고 있다.

       건축물과 성지 외에도 황금고리 도시들에서는 러시아의 민속 공예품에 대해 좀 더 깊이 알 수 있다. 많은 도시의 박물관에서 나무와 뼈 조각, 숙련된 레이스 제작자와 보석 세공인의 제품, 옻칠 미니어처 및 에나멜 그림 등 오래된 예술 공예품을 만날 수 있다.

이처럼 수즈달을 비롯한 황금고리 도시의 축제와 공예품, 건축물을 통해 역사, 문화, 자연 풍경 감상과 더불어 전통과 문화가 어우러지는 관광의 새로운 가치를 발견하게 될 것이다. 그리고 이러한 시너지를 통해 황금고리 도시들은 역사와 문화를 기반으로 미래 지향적인 관광 도시로 거듭나고 있다.

관광객 유치 활성화를 위한 인프라 구축

황금고리 도시와 마을에는 12~13세기의 장엄한 흰색 석조 사원, 16세기의 천막 건물, 17세기의 건물 등 러시아 건축 개발의 모든 단계를 만날 수 있다. 로스토프, 야로슬라블, 코스트로마, 블라드미르의 그림 학교, 요새, 수도원 및 사원과 같은 수많은 역사적 건축물은 고대 및 왕실 시대에 황금고리 각 도시의 중요성을 반증한다. 고유한 스타일을 가지고 있는 각 시대의 건축물들, 수많은 정교회 수도원, 신사와 사원은 많은 순례자들을 끌어들이고 있다.

1992년 유네스코 문화유산으로 지정되면서 러시아 정부가 황금고리 도시들을 집중 지원했고, 이는 황금고리 도시들이 관광 도시로 탈바꿈하는 계기가 되었다. 이들 도시에서는 캠핑, 글램핑, 원데이 투어1 Day Tour, 하프데이 투어Half Day Tour, 축제 등 다양한 콘텐츠를 문화유산과 잘 어우러지게 개발함으로써 관광객 유입 증대뿐만 아니라 지역 경제 활성화에 이바지하고 있다.

러시아 정부는 2030년까지 '황금고리' 프로젝트를 통해 중장기적으로 국내 관광 및 외국인 관광객 유치 활성화를 위한 관광 인프라와 서비스를 구축할 예정이다. 지속 가능성의 관점에서 고대 건축 기념물의 보존, 관광 산업 현대화, 경제 성장을 장려하는 호텔, 테마 파크, 박물관 같은 새로운 유형의 기반 시설 구축을 비롯해 도로 교통, 관광 콘텐츠, 숙박 시설 등 관광 산업 전 분야에 걸쳐 집중적인 지원 정책을 펼치고 있다.

그리고 이러한 노력의 결과는 관광객들이 꾸준히 증가하는 성과로 나타났다. 러시아 정부는 황금고리 도시의 도로 교통 시설 정비를 통해 방문 시간을 단축하고, 문화유산 도시에 걸맞게 숙박 시설도 목조 형태로 건축하거나 내부 시설을 정비했다. 이로 인해 체류 기간이 늘어났으며 연평균 예약률도 60% 이상 높아졌다. 관광 콘텐츠의 집중 양성으로 수즈달에서는 오이, 반야, 동화 축제와 같은 이색적인 축제와 이벤트가 연중 50회 이상 개최되고 있으며, 이는 정부와 관광 협회의 지원으로 지속 성장하고 있다. 또한 수즈달 인구 1만 명 중 65% 가 관광업에 종사를 하고 있어 지역민들의 일자리 창출과 함께 도시 전체가 관광의 성지로 변모하고 있다.

내국인 관광객 중심으로의 전환

황금고리 도시로 주목받으며 불과 인구 1만여 명의 소도시 수즈달에 연간 평균 9만 명의 관광객이 2~3년 동안 꾸준히 방문했다. 특히 2020년 국경 폐쇄 이후 수즈달을 비롯해 러시아의 관광 산업은 내국인 관광객 중심으로 방향이 바뀌었다. 여기에 더해 관광객 캐쉬백 프로그램은 러시아 관광 수요를 크게 증가시켰고, 지역 내 외국인 관광객을 내국인 관광객으로 대체하는 데 기여했다.

2024년, 수즈달 도시 설립 천년이 되기까지는 1년이 남았다. 이를 기념하기 위해 블라드미르 지역 행정부는 수즈달뿐만 아니라 무롬Murom 및 고로호베츠Gorokhovets의 3개 도시에서 관광객을 수용하기 위한 조건과 기반 시설을 개선하기 위해 적극적인 개발 작업이 진행되고 있다. 특히 2021년에 수즈달 시의 예산을 추가 증량해 도로 인프라, 도시 조명, 공원 지역, 광장 및 주차 공간에 대한 프로젝트 준비와 관련 문제를 개선해 나갈 계획이다. 러시아의 영혼을 찾아 나서는 내국인의 발길도 더 커질 것이 분명해지는 대목이다. 향후 도시 출범 천년이 되는 해인 2024년과 황금고리 프로젝트가 완료되는 2030년에는 수즈달이 또 어떠한 모습으로 관광객을 맞이할지 기대된다.

소멸 위기 소도시,
잠들지 않는 관광 도시로 불 밝히다!

중국
선양 지사

길림성 메이허커우,
관광 정책으로 인구 소멸 위기 극복

2022년 6월 3일 단오절 저녁, 길림성 메이허커우梅河口 동북항의 상업 거리는 활기가 넘친다.

메이허커우 전경

"손님이 연이어 오는데, 손님 수를 셀 수가 없어요."

바비큐 노점상 판위화潘玉华 씨는 힘들다고 말하면서도 줄지어 선 손님들을 보며 함박웃음을 피워 냈다. 지난 4월 말에 동북야간특색상업거리Northeast Evernight City가 개장하면서 그녀도 바비큐 노점을 열 수 있었다.

"잠들지 않는 상업 거리가 열리면서 고객이 유입된 덕분에 바비큐 장사를 할 수 있게 되었습니다. 하루에 1천 위안을 벌고 있어요. 처음 가게 문을 열면서 꿈꾸던 대로 이루어지고 있고, 가게세를 내지 않아도 되어 장사하는 데도 도움이 많이 됩니다."

메이허커우 출신의 판위화 씨는 낮에는 출근하고 퇴근 후에는 이 거리에서 점포를 운영하고 있다. 점포 임차료 및 인테리어 비용 면제 덕분에 경제적 부담 없이 식재료와 인력만 부담하면 되고, 하룻밤에 최소 1,000위안(약 18만 원)을 벌 수 있어 안정적인 생계를 이어갈 수 있게 되었다고 한다. 동북야간특색상

메이허커우 전경

업거리가 열리고 도시 관광의 인기가 높아지면서 홀로 자녀들과 생계를 이어가
던 판위화 씨도 삶에 대한 희망이 커졌다. 이렇듯 잠들지 않는 메이허커우는 야
간 경제를 밝히고 있다.

중국의 많은 소도시가 인구 소멸 위기를 겪고 있는 가운데, 동북 지역
의 경우에는 3개성 모두 인구감소지역에 포함되어 있을 만큼 심각한 인구 유출
문제가 발생하고 있다. 그중에서도 길림성의 총인구는 2010년 제6차 전국 인구
조사에 비해 337만 9,362명이 감소해 10년 동안 12.31%, 연평균 1.31% 감소
했다.

하지만 최근 몇 년 새 길림성 메이허커우에서는 관광이 활성화되면서 역
으로 인구가 유입되고 있다. 또한 주민들의 일자리와 소득도 증대되며 도시가
되살아나고 있다. 과연 메이허커우는 어떻게 잠들지 않는 도시가 되었을까.

메이허커우, 생존을 위한 주력 산업 전환

길림성 동남부에 위치한 메이허커우는 동북 지방의 중요한 교통의 요지이자 회화강 상류에 위치하고 있는 상업 항구이며 길림성 동남부의 중심 도시다. 메이허커우는 규모가 크지 않으나 뚜렷한 입지로 길림성 직할 현급시가 되었으며, 2020년에는 제2차 전국 종합 관광 시범구로 공식 선정되었다. 또한 2021년 7월 메이허커우는 길림성 최초이자 전국에서도 유일한 성▓급에서 정청▓▓급으로 승급된 개발구이다.[1]

과거 메이허커우의 주도 산업은 석탄 산업이었다. 제12차 국민경제 및 사회발전계획(2011~2015년) 기간 동안에도 석탄 산업은 지역 경제의 80%를 점유했다. 그러나 제13차 국민경제 및 사회발전계획(2016~2020년) 이후 산업 전환을 추진했고, '4+3' 현대 산업 체계를 기획, 육성하면서 의약 건강, 식품 가공, 무역 물류, 현대 서비스업을 4대 핵심 사업으로 추진했다. 이를 기반으로 관광, 장비 제조 및 건설의 3가지 유리한 산업을 강력하게 육성했다.

특히 의료와 보건 산업의 발전은 놀라운 성과를 거두었다. 메이허커우는 풍부한 수자원을 활용해 전국의 유명한 제약 기업들을 유치했다. 2019년 연말까지 의약 건강 산업 수입은 총 재정 수입의 70%를 점유했으며 길림성 총 의약 공업 생산 가치의 15~20%를 차지한다. 2016~2020년 기간 동안 연평균 수입 증가율은 30% 이상을 유지했다.

식품 가공, 무역 물류 및 현대 서비스 산업도 메이허커우에서 중점적으로 육성하는 분야다. 메이허커우는 아시아 최대 나무씨앗 가공 생산 기지, 아시아 최대 식용주정 생산 기지, 아시아 최대 오리·거위 간 재료 생산 기지, 국가 중의약 특색 산업 기지, 길림성 우수 쌀 생산 가공 기지이기도 하다.

제14차 국민경제 및 사회발전계획(2021~2025년)은 의약 건강, 식품 가공, 무역 물류, 현대서비스 4대 핵심 산업 강화 및 관광 산업 추가를 통한 '4+1' 현대 서비스 산업 체계 형성에 중점을 둔다. 특히 메이허커우를 동북 지역에서 최대의 생물의약 연구 개발 기지와 동북아 의약 건강 산업 집결지로 발전시킬

---

1. 성급은 한국의 도에 해당. 정청▓▓급은 한국은 광역시▓▓▓에 해당된다.

계획이다. 또한 동북 3성내 문화 관광 대표 지역으로 육성하고 관광 산업 전문 기금을 설립해 메이허커우 전역의 관광 산업 기획, 개발을 전담하기로 했다. 이를 위해 야간 경제 활성화, 음식 거리, 상거리, 공연장 등을 활용한 야간 소비 확대 등을 도모한다. 이외에도 컨벤션센터 등 기반 시설 활용해 국내외 및 성내외 영향력 있는 전시 · 박람회 등을 유치하며 전문적인 MICE 도시로의 육성 또한 목표로 삼고 있다.

국가 정원 도시로 관광 산업 성장 기반

3대 중요 산업 중에서도 큰 성과를 거둔 것은 관광 산업이다. 메이허커우는 회화강 상류에 있으며 드넓은 구릉이 시를 관통한다. 또한 시내에는 55개의 강과 눈부신 호수, 산이 있는 절경의 고장이다. 하지만 이 도시의 아름다움은 잘 알려지지 않고 명승지로서의 명성은 약했다.

따라서 이 문제를 해결하기 위해 메이허커우는 관광 도시와 정원 도시 건설에 중점을 두고 문화와 관광이 긴밀하게 통합될 수 있도록 했다. 먼저 관광 자원 개발을 위해 지역 내 55개 하천 자원을 활용했다. 30억 위안(약 5,473억 원) 예산으로 강과 호수를 연결하는 해용호, 회화강 습지 경관 벨트와 같은 생태 관광 프로젝트가 연속적으로 완료되어 8개의 테마 공원과 36개의 도시 정원을 만들었으며, 도시의 녹지 비율이 47%에 달하게 되었다. 이로써 '숲과 물, 강과 호수가 연결되고 숲이 도시를 둘러싸고 있는 작은 마을'인 메이허커우는 국가 정원 도시이자 국가 종합 관광 시범 지역이 되었다. 2021년에는 처음으로 관광객 1,000만 명 이상을 유치했으며, 종합 관광 수입은 50억 위안(약 9,122억 원)을 초과했다.

상업 거리와 꽃바다 투어로 야간 경제의 불 밝히다

메이허커우는 문화자원을 직접 만들기에 나섰다. 침체된 경제를 살리기 위해 2021년 초 길림과 메이허커우 야간 경제 시범 도시 건설을 실시하기로 했다. 이렇게 추진된 동북야간특색상업거리는 2022년 현재 길이 1,386m, 면적 3만m^2 규모의 미식 판매와 문화 공연 중심의 상업 거리로 조성되었다.

메이허커우 동북야간특색상업거리

메이샤오이에야생화불빛관광지

동북야간특색상업거리 개발에는 '더 많이, 더 빨리, 더 좋게, 더 절약'하는 방식이 도입되었다. 2021년 잠들지 않는 도시를 '더 빨리' 건설하기 위해 계획에서 완공까지 단 2개월이 걸렸다. 그럼에도 시설 연간 개선 비율 60%를 달성했으며, 2022년에는 10개 공연 팀과 95대 카퍼레이드가 추가되는 등 계절별 축제와 이벤트를 '더 많이' 진행했다. 개인 운영자 장소 임차료 면제, 소비자 대상 소비권 증정 등으로 '더 좋게' 했으며, 컨테이너를 활용한 이동식 시설을 구성해 시간과 비용을 '더 절약' 했다. 또한 매주 활동과 매월 축제를 통해 브랜드 효과를 형성했다.

기후 제한으로 인해 매년 관광 시즌이 5개월뿐임에도 잠들지 않는 동북 도시는 2021년에 400만 명 이상, 2022년 5.1노동절 연휴 기간에만 관광객 30만 명을 유치했다. 이로 인해 송끄란 축제, 각종 연극 공연 등이 도시 곳곳에서 열리는 등 야간 경제의 발전과 함께 잠들지 않는 도시로 각인되었다.

메이샤오이에야생화불빛관광지梅小野星光花海도 잠들지 않는 도시의 관광 사업에 힘을 더했다. 총 면적 61.4km², 8,000억 위안(약 147억 원)의 예산으로 99일에 걸쳐 완공한 야생화불빛관광지는 동북 지역 유일의 독자적 마스코트 메이샤오이에梅小野의 스토리 공원이다. 동화 낙원의 꿈의 건설자 메이샤오이에의 주요 스토리 라인은 4개의 플롯을 연결하며, 관광객들은 나무다리, 작은 기차 등을 통해 꽃바다를 건너고, 시크릿 가든, 별이 빛나는 꿈, 로맨틱 반딧불, 핑크 동화, 멋진 꽃 거울, 달과 엄마 등 모험을 통해 동화의 꿈을 실현한다.

동북야간특색상업거리 및 해용호관광지海龙湖景区 등 대표적 관광지 육성으로 각각 274만 5,000명, 262만 100명의 관광객을 유치해 메이허커우 관광의 핫스팟이 되었다. 현재 메이허커우는 상업 거리, 어린이 놀이터, 습지, 해수욕장 및 기타 프로젝트를 통합한 해용호 풍경구를 건설했으며, 종합 해산물 광장 야시장과 바비큐 캠프를 건설했다. 또한 RV 호텔, 꽃밭 등 메이샤오이에야생화불빛관광지 관광 거점을 활용해 쇼핑, 음식, 관광, 엔터테인먼트 및 스포츠를 통합하는 야간 경제를 형성하기 위해 노력하고 있다.

다양한 관광 상품 확장, 랜드마크 명승지 확보

계절성 문제를 극복하기 위해 2022년 여름에 메이샤오이에야생화불빛

관광지 인근 '즈뻬이 마을 예술 전원 생활 리조트知北村艺术田园生活度假区'를 활용해 캠핑 및 문화 시장 등을 신규 추가했다. 1970년대 즈뻬이 마을을 체험하기 위해 전국 각지에서 도내외 관광객들이 몰려들었다. 즈뻬이 마을 예술 전원 생활 리조트는 개장 후 20일 동안 약 115만 명 관광객을 유치했으며, 일일 최대 관광객 유치 인원이 11만 명에 이르기도 했다.

이렇듯 메이샤오이에야생화불빛관광지의 꿈과 스토리, 즈뻬이 마을의 문화유산, 해용호 캠핑 기지 등 지역 문화 관광 명소의 연결은 지역의 브랜드를 형성하며 강력한 문화관광 프로젝트로 부가가치 효과를 만들었다. 또한 여름 이외의 새로운 브랜드 라벨을 추가해 새로운 시장을 열었다. 향후 메이허커우는 꽃의 바다를 기반으로 즈뻬이 마을에 몰입형 빙설 리조트를 건설하고 문화를 통합하는 랜드마크를 건설할 예정이다.

아름다운 경제를 만드는 농촌 관광 활성화

"전염병 예방 및 통제 상황이 개선됨에 따라 관광객이 증가하고 있습니다. 농업과 연계해 관광객을 유치할 수 있고, 관광객 유치는 농산물 판매에 도움이 됩니다."

이로촌李炉村에 거주하는 농민 슈쩐쨔徐振家 씨는 도시로 나갔다가, 고향에 많은 관광객들이 찾아오는 것을 보고 귀향해 다시 농사를 짓고 있다. 그는 3만 3,300m² 토지를 임차해 하우스 15개 동에 이웃과 공동으로 포도, 멜론, 과일 및 야채 등을 재배하고 700m² 팜스테이를 만들어 관광객도 받고 있다. 주말이 되면 주변 도시 관광객들이 끊이지 않고 찾아온다.

메이허커우는 명승지 건설을 목표로 도시와 농촌의 통합, 농업과 관광의 통합, 글로벌 관광의 발전에도 힘을 쏟고 있다. 최근 몇 년 동안 농업과 관광의 통합 발전을 추진하고 20억 위안(약 3,694억 원)을 투입해 현대 농업 산업 체계를 구축하기 위해 현지 브랜드 농산품을 육성하고 있다.

또한 메이허커우는 기반 개선을 지속적으로 추진하고 있으며, 그중에서도 농촌 생활 환경의 개선은 길림성의 모범이 되었다. 이미 517km의 농촌 도로

가 건설 및 개조되고 농촌 4대 도로가 국가 시범 현^县으로 선정되었다. 또한 303개 행정 마을이 도농 통합으로 쓰레기를 처리하고 3만 6,000개의 농촌 화장실을 개조했다. 이러한 결과로 농촌 영구 거주자의 1인당 가처분 소득이 지난 2년 동안 5,000위안(약 91만 2,200원) 이상 증가했으며 도농 통합 속도가 빨라졌다.

관광 산업으로 경제 발전의 선봉이 되다

메이허커우는 관광 산업을 중심으로 2016~2020년 주요 경제 지표가 연평균 15% 이상 성장, 경제 총 규모와 재정 수입은 2배로 증가했다. 2022년 1월 1일~8월 4일 메이허커우 시내외 관광객 총량은 1,092만 4,900명으로 지난해 동기 대비 48.33% 증가했으며, 종합 관광 수입은 53억 6,000만(약 9,779억 원)으로 동기 대비 44.07% 증가했다.

인구도 증가했다. 현재 메이허커우의 총 인구수는 70만 명이며, 도시상주 인구수는 42만 명이다. 제13차 국민경제 및 사회발전계획(2016~2020년) 기간 동안 도시 인구는 40% 증가했다. 총 경제 규모와 재정 수입은 2배가 되었고, 2021년에는 GDP가 전년 대비 12.1% 증가했다. 도시 면적은 2배로 확대되어 60km²에 달하며, 도시 상주 인구수는 12만 명이 증가해 순유입 도시가 되었다. 제14차 국민경제 및 사회발전계획(2021~2025년) 기간 동안 도시 상주 인구 60만 명, 도시 면적은 80km²로 증가시킬 계획이며, 2030년까지는 도시 상주 인구 100만 명, 도시 면적은 100km²로 증가시킬 계획이다.

이렇듯 메이허커우는 관광 산업을 기반으로 길림성 현 경제 발전의 선봉이 되었다. 국가 고품질 개발 10대 도시, 중국에서 가장 아름다운 세계 관광 도시 및 중국 문화 관광 통합 혁신에서 '6회 연속 우승' 명예 칭호를 받았다. 2020년 중국 동북 지역 1위, 전국 6위의 국가 문명 도시 심사를 통과해 국가로부터 인정을 받았으며, 2년 연속 전국 비즈니스 환경 품질 10대 도시 중 하나로 선정되었다.

앞으로 소도시, 주력 산업이 없는 도시는 필연적으로 축소될 수밖에 없을 것이다. 그래서 주력 산업의 변화와 빠른 정책 실행력을 통해 도시의 불빛을 다시 환하게 밝힌 메이허커우의 사례가 시사하는 점은 매우 많다. 특히 문화와 관광, 자연과 관광의 통합으로 도시 개발 기반을 공고히 한 점을 눈여겨봐야 할 것이다.

즈뻬이 마을 예술 전원 생활 리조트

'관광'과 '빈민 구제', 두 마리 토끼를 잡다

중국
우한 지사

장자제 무릉원구, 관광 신모델
활용으로 농촌 빈곤 퇴치 성공

'사람이 태어나 장자제를 가보지 않았다면 백세가 되어도 어찌 늙었다고 할 수 있겠는가人生不到張家界, 白歲豈能稱老翁'. 중국 고사가 말해 주듯 장자제의 기기묘묘한 풍경과 신비로움은 세계에서도 손꼽히는 절경이다. 200m 이상 되는 돌기둥들이 촘촘히 솟아 숲을 이루었으며, 장자제 국가삼림공원 내 위안자제袁家界는 영화 〈아바타〉의 촬영 장소로도 유명하다. 이처럼 손꼽히는 풍광을 보기 위해 장자제에는 해마다 많은 관광객들이 모여든다.

이러한 장자제張家界를 중국인들은 흔히 '무릉원武陵源'이라 부른다. 중국을 여행하지 않았더라도 높다란 벼랑에 매달린 채 잔도를 따라 걷는 장자제는 들어본 적이 있을 정도로 유명한 명승지다. 그러나 비경으로 유명한 무릉원구가 과거 빈곤의 나락에 빠져 있었다는 것을 아는 이는 많지 않을 것이다. 장자제 무릉원구는 아름다운 관광 자원을 활용해 빈민을 구제하는 신모델을 착안해 농촌 빈곤 퇴치에 성공했다. 무릉원구는 과연 어떻게 두 마리 토끼를 잡는 데 성공했을까.

장자제 무릉원구

4대 경로 중심 4선도, 4전환 신모델, 농촌 활성화 추진

후난성 서북부 무릉 산맥에 있는 장자제 무릉원구는 1988년 5월 국무원의 승인을 받아 현급縣級 행정 구역으로 지정되었으며, 정식 명칭은 '무릉원 국가 중점 풍경명승구'다. 총면적은 397.58km²이고, 그중 핵심 관광지는 217.2km²를 차지한다. 행정구역 설립 초기에는 자연, 역사, 문화 등 여러 가지 요인으로 인해 인구 5만여 명 대부분이 먹고살기 힘들 정도로 빈곤에 허덕였다. 연간 1인당 소득이 200위안 이하로 빈곤 퇴치 과업 추진조차 어려웠다.

그런데 1992년에 무릉원구가 중국 최초의 유네스코 세계자연유산으로 등재되었다. 무릉원구는 이를 계기로 관광 산업 육성에 나서며 농촌 진흥의 길을 적극적으로 추진하기 시작했다. 빈곤 퇴치와 농촌 활성화를 통한 전반적인 경제 부흥과 사회 발전을 목표로, 농촌 관광 자원을 적극적으로 활용해 산업 빈곤 퇴치 모델을 혁신했다.

장자제 무릉원구

장자제 무릉원구

특히 '관광+빈곤 퇴치'를 위해 '4대 경로⁴ᴸ⁄ᵍ⁄ᵉ' 중심 '4선도⁴ᵗʲᵗ, 4전환⁴ᵗʲᵗ' 신모델을 도입해, 농업에서 관광으로의 혁신적 전환을 촉진했다. 먼저 중점을 둔 4가지 주요 경로는 명승지의 관광 혜택을 농촌에 전파하고, 농민을 관광 산업 체인으로 끌어들이고, 관광객이 농가를 찾도록 만들고, 관광 산업을 통해 농민을 부자로 만들기 위한 경로다.

4대 추진 4개 전환 전략은, 농업에서 관광으로의 전환 촉진을 위한 핵심 명승구의 구현, 농촌 홈스테이 적극 활성화와 농촌 지역을 관광 목적지로 전환 실행, 농민의 관광 종사자로의 전환과 촉진 관광 상품 추진을 실시해 농산물을 관광 상품화하는 것이다. 이러한 '관광+빈곤 퇴치' 전략 실행은 무릉원구의 빈곤 퇴치와 농촌 활성화 과정을 전면적으로 가속화했다.

산업 발전 모델의 혁신적 개선

무릉원구가 실시한 첫 번째는 산업을 혁신적으로 개선, 산업의 판을 바꾸는 것이다. 이에 '농촌 관광, 농업, 문화 창조'라는 3대 빈곤 구제 산업 강화에 나섰다. '무릉원구 농촌 관광 발전 실시 지도의견', '무릉원구 산업 정밀 빈곤 구제 계획' 등 일련의 정책들에 따라 재정 산업 지원 자금 1억 5,000만 위안(약 276억 원)을 투입했다. 특화 민박, 농가 체험 농가락农家乐, 농업 선도 기업, 농민전문협동조합, 문화 창조 기업 등 다양한 방안들도 적극적으로 동원했다. 30억 위안(약 5,516억 원)이 넘는 사회 투자금도 유치해 무릉원밀림협곡 특화 민박 체험 구역을 조성하고, '1현 1특县-特', '1향 1업乡-业', '1촌 1품村-品', '1호 1산户-产' 등의 빈곤 구제 산업 체제를 적극 발전시켰다.

'1현 1특', 즉 1현 1특산품은 농산물 우수 브랜드를 육성하고 지역 명물 개발 전략으로 후난성 쌀을 비롯해 안화 흑차, 바오징 황금차, 닝상 화주 등 우수 브랜드를 개발했다. '1향 1업'은 각 향(거리)의 위치 특성에 따라 주요 농업 기업과 지역의 특색 있는 산업 기반을 구축하는 계획이다. 이에 따라 4개 향은 고산 후추, 투지아 비단 같은 특산물 생산을 촉진해 빈곤 구제 자금을 마을 단위로 산업 프로젝트에 위탁하거나 투자했다.

'1촌 1품'은 마을 경제를 발전시키기 위해 특수 사육, 농촌 민박, 특색 있는 홈스테이, 농촌 주차장 및 기타 빈곤 퇴치 프로젝트 건설에 주력했다. '1호 1산'은 빈곤 가정에서 양봉, 약재 심기, 채소 심기, 특수 육종, 투지아 비단과 같은 관광 상품의 생산 및 가공에 종사하도록 하고 적어도 하나의 가족 소득 증대 프로젝트를 실시했다.

농촌 관광 발전

무릉원구는 수려한 자연 풍경 및 강한 민속 문화를 최대한 활용하고, 농촌 관광을 적극적으로 발전시켜 농민들이 생업을 관광업으로 전환할 수 있도록 적극적으로 촉진했다. 또한 농민 구역의 내부 순환을 실현하고 농촌 관광의 '점点·선线·면面' 구조의 배치를 통해 농촌 관광의 우수한 관광 노선과 특화 민박집 조성으로 지역 농민들의 취업 문제를 해결했다. 이를 통해 관광 산업 발전의 이득을 효과적으로 방출하는 것은 물론, 수입이 바로 통장에 들어올 수 있도록 했다.

현재 무릉원구에는 '장자제張家界–중호中湖–톈자산天子山'과 '장자제張家界市–협합協合–소계곡索溪峪–장자제촌張家界村' 두 개의 우수한 경로에 특화 민박, 농가 여인숙, 농가락農家乐 등 700여 개가 있다. 이를 기반으로 8,000여 명의 농민들이 농촌 관광 서비스업에 종사 중이며, 2,000만 위안(약 36억 원)을 초과하는 수입이 발생하고 있다.

장자제 국가삼림공원 내 마을

농업 산업 발전

무릉원구는 후난성 농촌 제 1, 2, 3차 산업통합발전을 위한 시범 현을 건설했다. 이에 따라 어천공미^{魚泉贡米}, 천자산고추^{天子山剁辣椒}, 샹아매채갈^{湘阿妹菜葛}, 무릉원두차^{武陵源头茶叶} 관련 4개의 성·시급 산업 단지를 조성하고, 성급 농업 선도 기업 1개, 시급 농업 선도 기업 11개, 농민전문협동조합 76개를 육성 발전시켰다. 또한 선도 기업의 산업체인융합, 농업 기능 및 농업 침투 융합에 착수했다. 건당입카^{建档立卡} 빈곤 가구[1] 정책으로 고품질 벼, 양질의 청과, 녹차, 특산품종 등 빈곤 구제 농업 산업도 적극 발전시켰다.

이처럼 농업을 산업으로 발전시킨 결과 최근 몇 년간 빈곤 탈출 가구가 누린 '구^区·향^乡·촌^村' 3단계 산업의 누계 배당 자금이 1,000만 위안(약 18억 원)을 넘었다. 일례로 칡 산업에서 2,000만 위안(약 36억 원)의 빈곤 구제 기금을 조성해 칡 재배, 제품 품질 향상, 브랜드 육성 및 개발을 지원했다. 이에 따라 무릉원구 전 지역의 칡 재배 면적은 4,000묘(1묘 = 약 666.67m²)이며, 혜택을 받은 농민이 5,000여 명에 이른다. 또한 매년 빈곤 퇴치 가구 2,300명을 선도해 연간 1인당 평균 1,000만 위안(약 18억 원) 이상의 소득을 얻었다.

문화 창조 산업 발전

'문화·관광의 융합 발전과 그 산업 발전을 통한 빈곤 구제' 방향도 적극적으로 개발했다. 빈곤 구제 자금 491만 위안(약 9억 원)을 투자해 투지아 비단 산업^{乖幺妹土家织锦产业}을 도입했다. 이 제품들은 예술 컬렉션, 가정 장식품, 의류, 액세서리와 실용 제품 600종 이상을 포함하고 122개의 특허를 출원했다. 또한 비단 회사는 누적 인원 1,200명 이상의 토가직금기사^{土家织锦技师}를 훈련시켜 현재 산업에 180명 이상의 노동자가 종사하고 있다. 이를 통해 소계곡^{索溪峪} 지역에서 1,463명이 빈곤에서 벗어났다.

---

1. 건당입카 빈곤가구 : 향, 촌정부는 빈곤 가구 대상 파일을 만들어 파일 안에 이 가정의 빈곤 상황을 기록하고 빈곤 원인을 분석하며 지원 수요를 파악하고 지원 주체를 명확히 정한다. 파일을 지정 지원 책임자가 관리하면서 이 가정의 빈곤 퇴치를 도와주고 책임지고 최종적으로 빈곤에서 벗어나게 한다.

이외에도 빈곤구제자금 410만 위안(약 7억 5,000만 원)을 들여 웅풍조각산업熊风雕塑产业을 육성해 86.5묘의 토지를 용도 전환하고, 소계곡 지역 쌍문촌에는 서부 후난 최초의 인문 역사적 가치와 민속 색채를 겸비한 조각 공원을 조성했다. 이와 더불어 전문적인 스케치, 창작, 인턴십, 교육 및 리셉션 기지를 통해 4개 마을의 31개 빈곤 가구의 취업 문제가 해결되었다.

지속 가능한 발전을 위한 발전 매커니즘 수립

무릉원구는 더 지속적인 발전을 위해 '전역 관광+빈곤 구제' 산업 빈곤 구제 추진 매커니즘을 수립했다. '노무형, 토지유동전환형, 주문매수형, 주식배당형, 종식위탁형, 합작부조형' 등 산업 부조 모델이 광범위하게 활용되었다. 이러한 산업 빈곤 구제 모델 투입으로 실제 이익이 창출되면서 빈곤 가구와 마을이 장기적으로 산업 발전 배당을 수령하고 있다.

각 마을 조직은 농민들의 자발적인 참여에 기초해 역임대차도급, 임대차도급, 토지입주 등 다양한 형태로 토지를 분양받아 특화 민박, 관광 점포 등 특화 산업을 발전시켜 마을 집단 경영 형태의 수입을 늘리고, 우수하고 발전이 빠르며 전망이 좋은 산업 주체를 중심으로 토지 사용권 및 기타 자원의 형태로 주식에 참여해 마을 공동 주식의 협력 수입을 늘렸다.

일례로 협합촌, 이가강촌, 토지곡촌 등 5개 마을은 장자제샹아매식품유한공사张家界湘阿妹食品有限公司와 칡재배 토지 용도전환 협정을 체결하고, 회사를 통합 경영 관리해 매년 마을 산업 배당자금이 3만 위안(약 550만 원)에 달한다. 쌍문, 쌍성, 톈푸, 진두 등 4개 마을도 웅풍조각 산업단지에 출자해 매년 32만 위안(약 5,900만 원)의 집단 배당을 받고 있다.

농촌 진흥을 위한 3가지 실천 전략

무릉원구는 빈곤 퇴치 산업 발전을 위한 견고한 기반 구축을 위해 농촌 진흥을 위한 3가지 실천 전략을 추진했다.

그 첫째는 농민의 기능 향상 중시다. 무릉원구는《무릉원구 산업빈곤 기능훈련자료집》,《무릉원구 산업발전 실용기술편람》등 자료집을 출간해, 기술 기업, 선도 기업, 협동 조합이 결합된 방식으로 전 지역의 빈곤 구제 산업에 대해 '점대점点对点', '일대일一对一' 순회 교육을 실시했다. 2016년 이후 조직된 각종 산업 기능 양성반은 누적 200여 기수로 농민 2만여 명이 수료했으며, 그중 빈곤 가정이 8천여 가구였다.

두 번째는 향촌 브랜드 육성 중시다. 천자산고추, 상아매채갈, 천문홍차, 천자녹차 등 16개 제품이 녹색 식품 인증을 획득했고, 빈곤 구제 제품 계열 중 13건이 특허를 획득했다. 칡뿌리 분말을 생산하는 상아매채갈은 '국가 갈근 재배 표준화 시범구国家葛根种植标准化示范区'를 획득했고, 금모원숭이홍차金毛猴红茶는 밀라노엑스포에서 금상을 수상했다. '2품 1표两品一标²' 인증과 경작지 면적 대비 기지 창설 비율은 모두 전 성에서 상위권을 차지했다.

세 번째는 농산물 마케팅 중시다. 농업박람회, 전람회, 설맞이 대장터, 빈곤 구제의 날 등 각종 행사에 적극 참가해 다양한 형태의 오프라인 제품 마케팅을 추진했다. 또한 중창공간众创空间, 공급판매 클라우드 상점供销云商, 농촌 타오바오农村淘宝 등 전자상거래 업체와 지혜무릉원智慧武陵源³, 위챗, 틱톡, 징둥 등의 전자상거래 플랫폼을 통해 온라인 판매를 추진하는 등 판매 채널 확장도 적극적으로 추진했다. 각 농업 기업은 '인터넷+' '생태+' 등 새로운 이념을 도입해 생산 방식, 경영 방식 및 자원 활용 방식을 혁신하고 '관광+산업'의 한계를 더 확장해 생산, 생활, 생태 등 다양한 방면에서 공동의 이득을 실현하고 있다.

빈곤 퇴치 성공, 국가 최초 전 지역 관광 시범 지구

관광 빈곤 퇴치 전략을 심도 있게 시행한 무릉원구는 2016년 말, 후난성 전체 구 중에서 최초로 빈곤 탈출 목표를 달성했다. 2017년, 2018년, 2019년 3년 연속 전략을 강화해, 무릉원구 관광과 빈곤 구제의 길은 갈수록 넓어지고 있다.

무릉원구는 세계자연유산 자원을 활용해 관광 산업을 적극적으로 발전시키고, 산업 빈곤 완화와 훌륭한 명승지, 특색 있는 마을 및 아름다운 마을이라는

---

2. 2품 1표两品一标 : 엄격한 검사를 통과한 농산품을 대상으로 녹색 식품, 유기농산물, 농산물 원산지 세 가지 내용을 표시하고 고품질 농산물로 인정한다.

3. 지혜무릉원 : 스마트 TV를 통해서 무릉원구의 정보 전달과 주민 서비스를 실현하고 있다.

장자제 국가사미림공원 내 상점

고품질 관광의 삼위일체三位一體를 진행해 '국가 최초 전지역 관광 시범 지구'로 지정되었다. 관광 산업의 발전과 목표 빈곤 완화의 유기적 결합을 실현한 결과, 매년 농민 소득이 4억 위안(약 735억 원) 이상 증가했으며 그중 5,119명이 빈곤에서 벗어났고 인구 수입 총액은 4,000만 위안(약 73억 원)을 넘었다. 2020년에는 지역 빈곤율이 0%로 떨어졌다.

　　이러한 결과로 무릉원구는 2021년 '후난 농촌 활성화 우수 사례 10대'의 대표적인 현縣으로 선정되었다. 또한 2022년을 비롯해 '후난 농촌 활성화 보고서'가 3회 연속 발간되어 중요한 사례로 뽑히고 있다.

튀르키예 동부의 관광 지도를 바꾼
'동부 관광 열차'

튀르키예
이스탄불 지사

튀르키예 동부 관광 열차,
동부 소도시 관광 활성화의 중심이 되다

여행이 돌아왔다. 팬데믹으로 단절되었던 여행길이 다시 열렸고, 가장 먼저 열린 여행지들 중에는 튀르키예도 있다. 여행자들에게는 아직도 터키가 익숙하지만, 2022년부터 영문 명칭이 '터키Turkey'에서 '튀르키예Türkiye'로 변경됐다. 오스만 제국의 영광을 간직한 이스탄불을 비롯해 화려한 비잔틴 문명과 부귀영화를 누리던 술탄들의 궁전, 회교도들의 거대한 사원 등을 비롯해 신비로운 기암괴석 카파도키아, 독보적인 풍경의 파묵칼레 온천 등 빼어난 자연경관까지 매력이 가득한 튀르키예는 언제나 여행자들을 설레게 만든다.

그런데 튀르키예의 이름 높은 여행지들을 한 번쯤 다녀왔다 싶은 이들도 또다시 들썩이게 만드는 여행길이 열렸다. 바로 '동부 관광 열차Touristic Eastern Express'다. 하얀 설원 사이를 미끄러지듯 달리는 낭만적인 장면부터, 마치 바다 위를 달리는 듯한 신비로운 이미지만으로도 당장 떠나고 싶은 마음에 불을 지핀다. 세계에서 가장 아름다운 4대 기차 노선 중 하나로 꼽히는 튀르키예 동부 관광 열차, 그 낭만 가득한 철도길이 궁금하다.

동부 관광의 새로운 출발, 동부 관광 열차!

과거 오스만투르크 제국의 후예인 튀르키예. 그 시절의 영토는 대부분 잃었지만 현재 남은 영토(783.562km²)만도 우리나라의 약 8배에 이른다. 각 지역 간의 이동에도 시간이 많이 걸리는 만큼 튀르키예의 열차 여행은 필수적일 수밖에 없을 것이다.

본래는 1949년 5월 15일부터 중부에 위치한 튀르키예 수도 앙카라에서 동부 끝 카르스까지 1,300km를 26시간 동안 이동하는 '동부 열차Eastern Express'가 운행되고 있었다. 바로 여행 작가들이 세계 4대 아름다운 기차 노선 중 하나로 뽑았던 노선의 열차다.

그리고 이어서 2019년 5월 29일부터 새로운 동부 관광 열차가 같은 코스를 따라 철로를 달리기 시작했다. 동부 관광 열차는 약 31시간 만에 1,300km 트랙을 주행한다. 정부 교통인프라부, 문화관광부, 철도공사TTCD는 동부 지역의 아름다운 자연과 문화적 유산을 내국인, 외국인 관광객들에게 더 편안한 방법으로 보여주기 위해 새롭게 동부 관광 열차를 론칭했다고 밝혔다. 튀르키예 문화관광부도 튀르키예에서 기차 여행의 인기를 제고하고 이런 콘셉트 여행을 다른 도시들로 확산하는 동시에 관광지를 찾는 어려움을 덜고, 경제적인 측면에서 혜택을 받을 수 있다는 점에서 동부 관광 열차의 새로운 출발의 중요성을 강조했다.

©TGA_Turkiye Tourism Promotion and Development Agency

동부 관광 열차

©The State Railways of the Republic of Turkiye(TCDD)

동부 관광 열차(작가: Mustafa Kütük 작품명: Sisler İçinde)

동부 열차 VS 동부 관광 열차

　　동부 관광 열차는 동부 열차와 같은 코스인 앙카라-카르스를 왕복하는 열차다. 하지만 동부 열차와 동부 관광 열차는 여러 가지 차이점이 있다. 동부 열차는 매일 운행하며 앙카라, 크르크칼레, 카이세리, 시와스, 에르진잔, 에르주룸, 카르스 등 총 40여 개의 정거장에서 정차를 한다. 360명의 승객이 탑승할 수 있는 열차이다. 단순한 이동 수단으로서 승객들이 내리고 탈 수 있는 3~4분간의 시간만 각 정거장에 정차를 한다.

반면 동부 관광 열차는 2022년 기준, 1주일에 3일 운행하며, 앙카라에서 월, 수, 금요일 출발, 카르스에서 수, 금, 일요일에 출발한다. 또한 에르진잔, 에르주룸, 일리치, 디브리, 시바스와 같은 주요 관광지에서 약 3시간 내외 정차를 한다. 이렇듯 정차 시간을 길게 편성한 것은 그 도시의 문화유산과 자연, 주요 관광지를 단시간에 둘러 볼 수 있도록 한 것이다. 이를 통해 열차가 정차하는 동안 승객들이 역 주변 시내 관광을 할 수 있어 각 지역 관광 활성화에 크게 기여하고 있다. 카르스행 열차와 앙카라행 열차는 정차하는 관광지가 다르므로, 미리 방문하고 싶은 지역을 정하는 것이 좋다.

차량도 다르게 구성되었다. 동부 열차는 일반적인 좌석으로 구성된 풀만 객차와 침대 시설이 같이 구비된 접이식 침대칸으로 구성되어 있다. 그러나 동부 관광 열차는 냉장고와 개수대가 설치된 2인용 침대칸으로만 객실이 구성되어 있고 편의 시설로 식사 차량이 구비되어 있다. 승객이 기차에 탑승한 31시간 동안 편하고 안락하게 여행할 수 있도록 관광 열차로서의 기능과 역할이 강조되었다.

동부 열차의 운임은 2022년 연말, 편도 가격 기준, 풀만 객차, 접이식 침대칸 모두 189TL(약 1만 3,000원)로 저렴한 운행 중심의 열차이다. 반면 동부 관광 열차는 3,100TL(약 21만 7,000원)로 고가의 운임이 책정되었다. 그러나 1,300km, 31시간의 여행 시간 동안, 튀르키예 동부지역의 아름다운 풍경과 풍부한 문화유산을 편안하게 즐길 수 있는 교통수단이라는 점에서 여전히 높은 인기를 구가하고 있다.

무엇보다도 동부 관광 열차를 타고 협곡과 마을을 지나고, 역사적인 장소와 독특한 풍경을 보면서 아나톨리아의 아름다움을 탐험하는 것은 색다른 경험임에 틀림없을 것이다. 더불어 여행자의 입장에서는 익히 알려진 유명 명승지가 아닌 역사적인 장소와 소도시들을 들러볼 수 있다는 점에서 더욱 매력적이다.

관광 열차 타고 즐기는 동부의 주요 관광지

관광 목적으로 구성된 만큼 동부 관광 열차가 정차하는 도시들에서는 아나톨리아의 물질적, 정신적 가치가 이어진 문화유산, 자연자원, 액티비티 등 다양한 관광 활동을 즐길 수 있다.

수도인 앙카라에서 가장 가까운 시바스Sivas는 로마 제국 시대 무역의 거

협곡을 지나는 동부 관광 열차

점이며 아나톨리아의 중요 도시였다. 1919년 무스타파 케말 아타튀르크가 오스만 제국의 지배로부터 터키를 해방시키기 위한 저항 운동에 대해 논의했던 곳이기도 하다. 도시의 주요 건물로는 시바스 의회 및 민족학 박물관, 곡메드레세(신학교)가 있다. 시바스 의회 건물은 튀르키예 독립 전쟁에 있어서 중요한 의미가 있는 장소이며, 곡메드레세는 13세기 이슬람 교육기관이다.

시바스 다음으로 가까운 작은 마을 '디브리Divriği'에는 1229년 당시 지역 왕조에 의해 세워진 그레이트 모스크 및 디브리 병원이 있다. 이 복합적 건축물은 정교한 석조 조각과 다양함으로 인해 아나톨리아 지역에서 가장 중요한 건축물 중 하나로 손꼽히며, 1985년에 유네스코 세계문화유산으로 지정되었다.

일리치Iliç에는 바이쉬타쉬 다리, 일리치와 케말리예 지역 사이에 위치한 깊고 가파른 협곡인 카란륵 캐년이 있으며, 패러글라이딩, 래프팅과 같은 스포츠 액티비티를 즐길 수 있다.

에르진잔Erzincan은 유프라테스 강의 주요 지류인 카라 강의 북쪽 기슭에 자리잡은 에르진잔 주의 주도主都이다. 4단 계단으로 올라갈 수 있는 오스만 건축 양식의 영묘가 있으며, 전통적인 석조 목욕탕인 타쉬츠 하맘, 히타이트-우라르투 시대에 설립되어 아나톨리아에서 가장 오래된 성 중 하나인 케마성과 시계탑이 있다.

에르주룸Erzurum은 기원전 4000년부터 시작된 도시로 동부 아나톨리아에서 가장 큰 주이며 높은 고원(1,950m)에 위치해 있다. 고대로부터 교통의 중심지였으며, 아나톨리아 시대의 가장 중요한 유적 중 하나인 비잔틴 성벽이 있고, 12~14세기경 지어진 것으로 추정되는 중요한 무덤 건축물인 3개의 큐폴라(원

협곡을 지나는 동부 관광 열차(작가: Yusuf Güldalı 작품명: Atma)

형 지붕)가 있다. 또한 오스만 제국의 주요 요새로서 1878년에 오스만-러시아 전쟁 동안 만들어진 성채와 13세기 말 셀주크 시대에 만들어진 치프테 미나렐리 메드레세가 있다.

열차의 종착점인 카르스Kars는 중세 아르메니아 왕국의 수도였으며, 카르스 성, 알렉산더 네브스키 대성당Fethiye Mosque을 비롯해 인근의 고대 도시 아니Ani 등 중요한 문화유산이 많이 있는 지역이다. 특히 카르스의 고대 도시 아니는 실크로드에서 코카서스로부터 아나톨리아 지역으로 진입하는 첫 장소로, 지역의 정치적, 경제적 중심지로 크게 융성했다. 2016년 유네스코 세계문화유산으로 지정된 아니에서는 카르스 성, 에불 메누체르 모스크, 아나톨리아에 세워진 최초의 터키 모스크, 아메나프르지스 교회, 아니 대성당, 디크란 호넨츠 교회, 아부가미르 팔라부니 교회 등을 돌아볼 수 있다.

또한 카르스와 아르다한 사이에 있는 동부 아나톨리아에서 두 번째로 큰 호수인 실디르 호수에서는 한겨울에 얼어붙은 호수 위를 걷거나 말이 끄는 썰매를 탈 수 있다. 에스키모처럼 호수의 얼음을 깨고 낚시를 즐길 수도 있다. 체험형 박물관 중 하나인 코카서스 전쟁 역사 박물관 외에도 다양한 치즈, 특히 그뤼에르로 유명한 보가테페 마을과 수수즈 폭포도 관광객들이 자주 찾는 곳이다. 세계에서 가장 긴 트랙 중 하나인 스키 리조트로 유명한 사리카미스Sarıkamış 지구의 시빌테페Cebiltepe 스키 센터 또는 아르디한Ardahan의 얄니참Yalnızçam 스키 센터에서 스키를 즐길 수도 있다.

동부 관광 열차가 불러일으킨 지역 관광 활력

운행을 시작한 지 얼마 되지 않았지만, 튀르키예의 동부 관광 열차는 동부 여행자들에게 최고의 관광 코스로 주목받고 있다. 코로나19 팬데믹으로 인해 2020년 3월 28일부터 중단되었던 동부 관광 열차는 2021년 12월 16일 다시 재개되었고, 2021~2022년 겨울 시즌에는 총 62회 운행되며 1만 3,544명의 관광객이 동부 관광 열차를 이용했다. 2019년 처음 열차를 운행했을 때에도, 그리고 2021년 다시 운행이 재개되었을 때에도 동부 관광 열차는 티켓을 구하기 어려울 정도로 인기가 높았다.

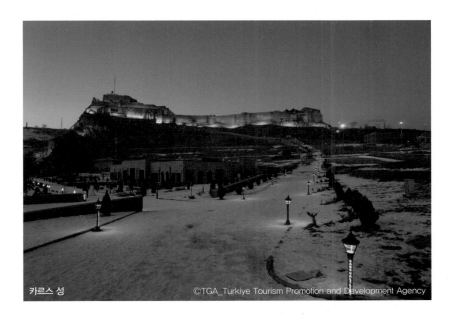
카르스 성
©TGA_Turkiye Tourism Promotion and Development Agency

고대 도시 아니 유적

©TGA_Turkiye Tourism Promotion and Development Agency

카르스의 특산물 그뤼에르 치즈

      카르스를 비롯해 각 지역을 찾는 방문객도 계속 증가하고 있다. 카르스의 고대 도시 아니에는 2017년 연간 60만 525명이 방문을 했으나, 2022년에는 1~2월 두 달 동안 3만 4,500명이 방문했다. 이렇듯 동부 관광 열차는 튀르키예 동부 관광에 많은 영향을 미치며 관광 인구와 수익 증대에 기여하고 있다.

      동부 관광 열차의 성공에 힘입은 튀르키예 정부는 5개의 새로운 관광 열차 운행을 준비하고 있다. 5개의 관광 열차는 토로스Toros, 에게Ege, 파묵칼레 Pamukkale, 반 호수Van Lake, 남쿠르탈란South Kurtalan을 운행할 예정이다.

카르스를 방문했다면 고대 도시 아니^{Ani}를 필수적으로 들러봐야 한다. 카르스에서 동쪽으로 48km 떨어진 아니는 아르메니아와 국경지대인 해발 1,750m의 황량한 평원에 위치한 폐허 도시다.

아니는 961년부터 1045년까지 아르메니아 왕국의 수도였으며, 고대 실크로드의 중요한 진입로 지역으로 캐러밴들을 위한 교역소와 길가의 여관인 캐러밴세라이 역할을 했다. 지역의 정치적, 경제적 중심지로도 크게 융성해 한 때는 인구 10만 명 이상의 세계적인 대도시였다.

그 자취는 고대 유적들에서도 찾아볼 수 있다. 수많은 교회와 군사, 종교 및 민간 건축물들은 서기 7세기에서 13세기까지 기독교 왕조와 이슬람 왕조에 의해 건설되어 다양한 유형의 건축물들이 공존하는 도시 풍경을 만들었다. 특히 1001년에 지어진 아니 대성당은 아르메니아 건축 기술을 고스란히 담고 있다. 1072년에 건립된 에불메누체르 모스크는 아나톨리아 최초의 셀주크 모스크이며, 튀르키예에서 가장 오래된 모스크. 티그란 호넨츠의 성 그레고리 교회의 벽에서는 흥미로운 프레스코화 유적을 발견할 수 있다.

13세기에 몽골의 약탈로 도시가 파괴되었고, 14세기에 지진으로 다시 파괴되었다. 지금은 황량한 계곡 언덕 위, 거대한 돌담의 폐허로 둘러싸인 모양새지만 그 역사적·문화적 가치를 인정받아 2016년 유네스코 세계 유산 목록에 등재되었다. 폐허 위에 자리한 고대 도시의 찬란한 문명, 그 흔적 속에서 수 세기 동안 이 땅이 겪은 역사와 장엄함을 오롯이 느낄 수 있는 명소다.

협곡을 지나는 동부 관광 열차

세계 관광 인사이트

뜨는 관광에는 이유가 있다

지역, 부활하다

초판 1쇄 펴냄   2023년 1월 17일
초판 4쇄 펴냄   2024년 7월 24일

지은이	한국관광공사
발행인	박민홍
집필	이상연, 천수림, 송지유
편집	한국관광공사 국제관광전략팀, 오정미
디자인	최계은, 박수진, 정하영
인쇄	디앤와이 프린팅
발행처	그래비티북스
출판등록	2017년 10월 31일 (제2017-000220호)
주소	13595 경기도 성남시 분당구 황새울로200번길 36, 711-712호 (수내동, 동부루트빌딩)
전화	031-711-4501
팩스	070-4170-4608
이메일	say2@cremuge.com
ISBN	979-11-89852-21-4 03980

그래비티북스는 주식회사 무게중심의 출판 전문 브랜드입니다.

* 이 책에 표기된 환율 정보는 2023년 1월 기준입니다.
* 이 책의 내용은 2023년을 기준으로 정리, 분석한 내용입니다.